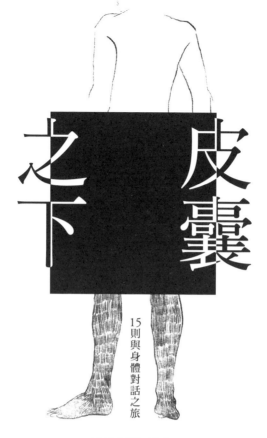

皮囊之下

15則與身體對話之旅

BENEATH THE SKIN

Great writers on the body

Wellcome Collection

衛爾康收藏館——著　周佳欣——譯

身體隨筆

收錄於《皮囊之下》的文章原是英國廣播公司第三電台（BBC Radio 3）的系列節目〈身體隨筆〉（*A Body of Essays*）所委託並錄製播出的內容，而該節目是由鐵鑄電台（Cast Iron Radio）的凱特．布蘭德（Kate Bland）所構思和製作而成。

衛爾康收藏館（Wellcome Collection）

衛爾康收藏館是一座免費的博物館和圖書館，致力挑戰我們對於健康的思維和感受，在亨利．衛爾康（Henry Wellcome）所收藏的醫學物品古玩的啟發之下，科學、醫學、生命和藝術得以匯集於此。衛爾康收藏館的展覽、活動和書籍探索的主題廣泛且多樣，覺知、法醫學、情緒、性學、認同和死亡皆包含在內。

衛爾康收藏館隸屬於全球慈善機構衛爾康基金會（Wellcome），其成立目的是要協助好的想法得以成長茁壯，藉此促進每一個人的健康；基金會至今已經在七十多個國家資助了超過一萬四千個研究員和計畫。

Wellcomecollection.org

目錄

Contents

目次

皮囊之下

15則與身體對話之旅

BENEATH THE SKIN

Great writers on the body

前言

湯瑪斯·林區

「擁有身體是為了學習哀悼」，麥可·赫弗南（Michael Heffernan）在詩作《讚揚它》（*In Praise of It*）中如此寫道；他現在出版了許多詩集，這是第一本的倒數第二首詩的開頭詩句。如同大多數的輕薄詩文書籍，這樣的詩集在五大洲都不受重視，而且世界上也沒有什麼人認識這個作者，可是儘管如此，他卻偶然揭露了一項真理：只有這副軀體得以留駐我們的想望、我們的悲傷和我們的喜悅。當我們心碎了，心就藏在胸骨之下、偎依在包膜之中、跳動著抑揚的旋律。在我們的骨頭裡，大多數是我們對他人擁抱的想念，或是舊傷、老損和戰敗、得勝或停戰許久的戰役所殘留的感受。而且唯有透過身體的部分，死亡才得以形塑我們的衰敗——癌症或心跳停止、梗塞、動脈瘤或栓子。人類是一種肉身物種，經由別的身體，其身體的部位與樣貌、依賴與穿透，以及這些身體的神祕組成和聯結的運作，才能具體化身成人。

即使是我們在信仰中宣稱的文字也會化為肉體。

當我們因為部分而有男女之分，但是就肉身而言，我們都同時是單一自力的個體。「三立方呎的骨、血和肉。」這是盧登・溫萊特（Loudon Wainwright）在《一個人的傢伙》（*One Man Guy*）中為兒子魯福斯（Rufus）寫的歌詞，魯福斯又以自己的曲風傳唱至新世紀。

集結於此的文集檢驗了人類的獨特情況，藉此多少可以釐清人的境況。讓我們成為現在的自己的腸子和大腦到底是什麼呢？

形塑了我們個人敘事的豐富內容的，到底是損壞的心臟瓣膜或馬蹄內翻足，還是罹癌的膀胱或高顴骨呢？我們對此只能猜測。究竟是母親的眼睛？父親的髮線？還是雀斑、雙腳、心臟衰竭呢？到底有誰能夠知道我們何以成為了現在的自己呢？

我們匯集在此的是人們慣常懷疑的一份小目錄，也就是不論等級高下的動物都有的系統：腸道和肺、膽囊和皮膚——內外皆有，為的是希望透過認識器官去更加認識人類的困境和境況。

某一天，某些人體部位忙著一起發出總統級的推特風暴，何以在隔天晚上能夠彈奏出拉赫曼尼諾夫（Rachmaninoff）的《第二鋼琴協奏曲》（*Second Piano Concerto*）呢？若是心成為愛戀和想望、悲傷和喪親之痛、生命本質的核心的現成隱喻，我們又該如何闡明腦下垂體的象徵意義呢？或者，若是「腸道」是勇氣的所在之處、小腦可能是靈魂居所，我們不禁揣想，到底小腸第一段的十二指腸的目的為何？是否可以延伸我們對辭源學的興趣呢？十二指腸的英文命名duodenum源自中古世紀拉丁文duodeni，意思是「十二指寬」，指涉的是一個攸關小腸的事實，即是尺寸大小至關重要：十二根手指頭的寬度大約就是十二指腸的長度。

我們既是整體也是部分，是一種的一個，也是一個的一種。即使如此，這裡談的是該部分所揭露的整體實質內涵，而這也是作家和讀者、連同醫師和解剖學家，何以會急切地想要了解我們的迷惑和生命本質的細節的緣故。

現代隨筆之父米歇爾・蒙田（Michel de Montaigne）努力要了解人類，提出了測試和衡量的方法，相信如在其名作《懺悔錄》（*Of repentance*）的書寫：「每個人都帶有人類的整體形式。」自身隱身於孤獨的書房裡，蒙田研究了自己的身體，包括了身體的感官和聲音、氣體和食慾、想望及慾望。正是本著這樣的精神，這本書集結了些許點點滴滴，小小的嚴肅對待，是透過嘗試關注人類來更加認識人性，是藉由冥想人體的部分來了解身為人的這種有智慧的動物。我們由衷感謝衛爾康收藏館的視野和熱情，讓我們得以呈現出這本豐富的作品。

腸子

Intestines

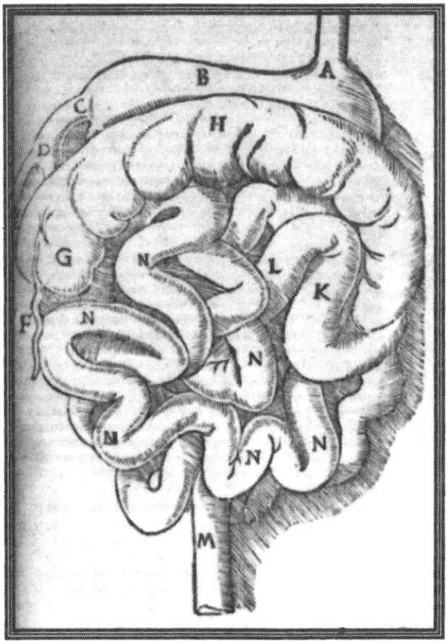

奈歐蜜・埃德曼

Naomi Alderman

佛洛伊德（Sigmund Freud）告訴我們，在鄰近於肛門到生殖器官之間的部位，即使不是全部也是大多數人類精神官能症的源頭。現今時日流行與佛洛伊德保持距離，抱持著「我不會那麼誇張」和「佛洛伊德當然就是對性癡迷」的看法。不過，我就是覺得有那麼誇張，而且多數的人都是癡迷於性的。

坦白說，腸子是個問題，其功能不僅神祕且令人困惑（所有體內器官幾乎都是如此），而且也讓我們難以承受。只有我們開始思考腸子的象徵意義，或許能夠了解佛洛伊德到底在說什麼。

腸子往上可以通到嘴巴，是產生多樣喜悅而令人歡愉的地方。然而，其往下可以到達肛門，會產生腐敗、骯髒和毒氣的臭屁；此外，肛門還會產出糞便，同樣氣味難聞，而且是攜帶疾病的一種黏稠味臭的棕色汙染物。這樣的東西竟然是來自於人體！不只是從我們的身體排出，其排出的洞口竟然就緊鄰在身體帶給我們極大歡愉的部位，而且這些器官的發育成長表明了我們進入能夠孕育新生命的成年時期。

這就像是人類的生命形態所開的一個可怕的玩笑，要把我們從雲端高處拉到地底深淵，目的是要提醒我們，不管我們發現了怎樣的狂喜，我們其實也是無時無刻都滿肚子大便。這正是糞便讓人感到如此可笑的原因，也是我們何以必須對糞便一笑置之，因為如果不笑著面對的話，我們就會痛哭流涕。

對於普利茲得獎作品《否認死亡》（*The Denial of Death*）的作者厄內斯特・貝克（Ernest Becker）來說，肛門和其產生的糞便並非只是一個笑話，它們其實是恐怖的東西，其所再現的是肉體的衰敗，而那是全人類都面臨的宿命。「我是什麼呢？」孩子可能會這樣問著自己。「我是一個會把漂亮、閃亮、健康、美味、繽紛和令人興奮的食物吃下肚裡的東西。可是接下來發生了什麼事呢？食物會被我變成了糞便。」這是每天都會一點一點發生的不可避免的衰敗，是不可避免的死亡。「肛門和其無法理解且令人作嘔的產物，」貝克說道，「再現的不僅是肉體的決定論和侷限性，同時也是所有肉體的宿命，那就是衰敗和死亡。」

朋友的三歲女兒問她吃下肚的食物會發生什麼事，她回道：「妳的身體吸收了食物的能量，然後食物就會被妳變成大便。」她的女兒聽完後哭喊到不可抑制，「不要，媽咪，不要，」女兒不斷地說著，「不要這樣啦！」同樣的哭喊也見於朱利安・巴恩斯（Julian Barnes）的《沒有什麼好怕的》（*Nothing to Be Frightened Of*），他在書中描述了自己的死亡恐懼症（thanatophobia），怕死的他會在半夜醒來，「孤零零一個人，孤單極了，用拳頭鎚打著枕頭，在無盡的哀嚎中大喊『噢，不要！噢，不要！噢，不要啦！』」。糞便是死亡，死亡很嚴重；我們因此只能對糞便一笑置之，我們不能過於嚴肅對待，這是因為糞便是相當嚴重的東西。

嘴巴、肛門和介於兩者之間的腸子，一起把美麗變成腐敗、美味變成噁心。就是在此真實地揭露了我們與自己身體的關係——我們每天都要在這裡面對人類最終所承繼的腐壞和衰敗。身體很神祕；我們就是自己的謎團。然而，就是在腸子部位，那顯然的神祕最為清晰可見。如果我可以把食物弄成這樣，我到底是什麼東西呢？

在我二十歲出頭的時候，時年五十五歲左右的母親因為腸破裂而緊急送醫求診。她腸破裂的原因從來就不是相當明確，或許是腸道裂隙受到感染，或許是好幾年前在我出生時的剖腹產所造成腸子脆弱，也或許完全是其他的原因。在腸子療癒的期間，母親有十八個月的時間都必須裝帶著結腸造口袋；這是個讓整個家庭與腸子的實際運作正面相對的一個經驗。我的母親的母親在五十歲中旬時也有過某種腸破裂，我凝視著自己的肚子，不禁想像著會有什麼發生在我身上。

可是事情並非僅是如此。如果是由小說家來書寫我的家庭的故事，有人可能會認為，有關胃腸和消化過程的象徵處理得稍嫌過火和稍嫌明顯。有位近親罹患先天性幽門狹窄，他的胃部有個括約肌無法打開，而使得他剛出生的時候一直出現嚴重噴射性嘔吐的情形，而他的母親則試圖說服醫師他一定真的有什麼毛病。他才沒有幾天大，就必須接受開刀治療；一個小寶貝於是就有了一條劃過腹部的長疤痕。

這些胃不合作的情形只是故事的一面，另外一面則是胃太合作、太有效率、太喜歡吸收營養。我是個胖子。我父親是個胖子。我祖母是個胖子。我的姑姑在成為「體重觀察家」公司（Weight Watchers）的領袖之前也是個胖子，現在的她則是一個以前曾經很胖的人。我們一家都是胖子，我們的家庭故事就是在吃與不吃、消化與不消化的緊密關係之中打轉，思索著要如何讓食物順利下肚或者是中斷進食。

可是我並不認為只有我的家庭是如此。從文化方面來看，我們都為著食物和飲食方式而困擾。我們用脂肪和糖做出了更多奢華食品——像是把奶油可頌炸得像甜甜圈的可拿滋（cronut），有誰不想吃這樣的糕點呢？然而，我們卻同時發明了更多累人的飲食養生法，舉凡從每周禁食兩天到切除健康的胃等等，原因不外乎是我們認為當今的文化相當排斥肥胖。我們看著電視上的名人主廚澆淋著巧克力醬、蜂蜜或奶油，而且食物跟性也被串聯在一塊，像是傑米・奧利佛（Jamie Oliver）主持的輕佻《原味主廚》（*Naked Chef*）美食節目、奈潔拉．勞森（Nigella Lawson）的打情罵俏的外表，以及高登．拉姆奇（Gordon Ramsay） 在節目開始退去衣衫的《食為天》（*The F Word*）。與此同時，飲食失調的情況正不斷增長，這是Photoshop修圖軟體推波助瀾的結果，我們文化的美麗理想標準要的是越纖細越好，而真實的人體看起來都不夠苗條。單就去年而言，英國年輕人為了飲食失調而入院治療的人數就上升了百分之八。

我們擔心著食物、消化力和自己的胃。腸子是我們的焦慮所在之處，而我們的焦慮是有意義的；對某個事物感到焦慮，就是對這個事物癡迷。如果你會對某個話題持續出現焦慮的話，這是因為你在某程度上很喜歡思考這個話題。到底是什麼使得食物和吃東西能夠讓人想著就產生這樣的滿足感呢？

我懷疑這跟死亡本能（Thanatos，譯註：桑納托斯是希臘神話中的死神，此為其引申涵義）有著某種關聯。先前有人談到，維多利亞時期的人們迷戀死亡，但是卻不能忍受談論性，而當代的我們則剛好相反。流進、流出。我們談論著食物、青春和性，一切事物的開端。我們生活在那些開端之中，好似恨不得永遠都是春天的第一天。如果我們一直對食物有所焦慮（吃得夠不夠、是不是吃太多、吃的對不對），我們盡可用一波清水把糞便沖走，並且不再想起或思考其代表了什麼。如果我們聚焦在青春，我們就可以把老人家送到安養院，然後就不必再見到或想起他們。如果我們總是談論著性，也就是想著一切的開端，我們就沒有保留任何空間給死亡：一切的盡頭。

因此，糞便有沒有可能引起喜悅呢？如果我們可以找出來的話，對於社會或個人會不會比較好呢？我認為會的，只要我們能夠全然珍視自身可怕的糞便機器（腸子）的運作，就可以引領我們走往這個志業的正確方向。

糞便當然可以讓人喜悅，只要是曾受便祕所苦的人都可以肯定這一點。我的弟弟和弟媳最近剛生了一個女寶寶，讓我第一次成為姑姑。當小女嬰大了一條長長的健康糞便時，他們真是為之欣喜，我們也都很高興。排便表示一切運作正常。流進、流出。排便應當就是這麼一回事兒。至少在漫長有用的生命走到盡頭的時刻，死亡也就是這麼一回事兒。這可能是大自然是知道自己在做什麼的；這可能是我們完全無法掌控的衰敗過程有著些許的美感。

沉思於「大自然」知道而我們不知道的美妙的事物，或許這是不錯的點來讓我引介胃的神經元和目前居住在腸道的大量細菌的本質。你知道你的肚子有腦細胞嗎？它們布滿了腸壁，而你的消化道的神經元數目就跟一隻貓的頭部神經元數目一樣多。思考一下一隻貓知道的所有東西：什麼是好的和什麼是討人厭的、誰可以信任和誰該敬而遠之、美食在哪裡和要如何追捕到。這些就是你的胃可能會知道的東西，也難怪我們會談論「腸臟本能」（gut instinct，意指直覺）了。

腸道的神經元是透過迷走神經而直接與大腦連結，而迷走神經進入大腦的部位就緊臨其主掌情緒的部分。胃似乎能夠知道一些連我們都不知道的自己的事情。曾經有過這樣的實驗，參與的人是經由管子進食，因此無法品嚐、聞嗅或咀嚼食物；然而，若是將他們最喜愛的食物導入胃部，這卻會使得他們出現預期性反應，即是會比餵食其他一些同具營養性的食物泥來得更加快樂。你的胃是知道事情的，你之所以會感到七上八下的，那是因為那裡的神經元對發生的事情有著某種反應。

「我們」的一些部分（或許該說是大部分的「我們」）是連我們自己都無法接近的。席莉．胡絲薇德（Siri Hustvedt）在其回憶錄《顫抖女子》（*The Shaking Woman*）裡，描述了自己在顫抖發作時所經驗到的一種雙重感受；她出現了「一個『自我』（I）和一個無法控制的他者的強烈感覺」。我們的身體充滿了智能，而我們的胃充滿了神經元，故就某種意義上，我們體內有著另外的「自我」，會與大腦溝通，但又不全然屬於大腦。

不過，我們的腸道甚至還有一個真正「難以駕馭的他者」。我們自以為裹覆於這身肉體的自己是單一個體，肌膚輪廓之內的一切就是「自己」，殊不知，腸道裡還有著「微生物群系」（microbiome），是個由微生物組成的生態共同體。這些是「好菌」，好到用來廣告益生菌優格。腸道菌群的細胞比人體組織的細胞要微小許多，小到「我們」體內實際含有的腸道菌群細胞數多於人體的細胞數。如果我在皮膚內舉行一場每個細胞都可投票的公投，「我」要掌權的勝算大概很渺茫。

這個類比其實並不如乍聽之下那般荒謬。腸道菌群會影響人的情緒和健康，因此增加腸道菌群的多樣性（我們的腸道顯然是想成為比例代表制的政體，故而種類越多越好），有助於改善從沮喪到類風濕性關節炎等狀況。腸道菌群也會釋出荷爾蒙，以便鼓勵我們多吃一些它們喜愛的食物。此外，人體只能培育既知的百分之五的腸道菌群，對於其他百分之九十五則一無所知。我們可以從益生菌飲品獲得的是那少得可憐的百分之五的好菌；至於其他的好菌，我們就只能等待尚在對未知的腸道菌群所進行的基因測序。或者，要是真的迫不得已的話，不妨考慮糞便移植，而那完全就是你可以想到的一種程序；將一個人的「黃金糞便」以點滴或糞便灌腸的方式注入另一個人的腸道，如此即可完成這種奇蹟療法。當新的細菌菌群存活下來，接受移植的人也會開始好轉；這種療程對治療如類風濕性關節炎和致命細菌困難梭狀芽孢桿菌（C. difficile）等諸多病況都有作用，可是千萬別在家自行嘗試。

以上的要點是，腸子裡發生的事相當神祕且令人訝異，當我們看著臭大便而腦中浮現「我怎麼會生出這種東西？」的時候，其遠比我們所能想像的，要來得更加複雜且更加明智。座落於人體中心且有著迷宮般美妙配置的腸子有著一顆大腦，而其周遭的鄰居們也有自己的慾望。

而談到死亡本能這件人類大事，這也讓人感到安心。雖然我不知道如何消化食物，但是腸子知道，而且腸子也會讓我對於有人讓它感到焦慮的處境有所感受。我或許不知道該如何死去，可是我的身體知道。

法國思想家蒙田是隨筆書寫形式之父，他從馬匹上跌落得極慘，幾乎因為傷勢而死。當他的朋友驚恐地看著他抓扯著自己的衣服且顯然在極大痛苦中，蒙田自己卻經驗了一次極樂的鬆懈感受。復原之後，他寫下了與死亡擦身而過的經*驗：「如果你不知道怎麼死去，不用擔心，大自然當下會毫無保留地告訴你怎麼做。大自然會為你處理得盡善盡美，因此，就別傷腦筋了吧。」

由於我們在文化上患有食物精神官能症，我們可以得知人類迷戀的是開端而不是結束。我們對顯然無止境的自身慾望感到苦惱，而消費資本主義對此更是火上加油。即使我們知道自己終將把一切化為糞便，但是我們卻拒絕去想這件事。不過，我們需要的或許是現代西方社會很少談論的東西，那就是一點信仰。我們可能不知道糞便是怎麼做出來的，但是我們的肚子知道。我們可能不了解怎麼死去，但是我們的身體會帶領我們經歷一切。我們知道的比我們認為的要來得多。「我們」其實不需要知道就可以知道。

皮膚

Skin

克里斯汀娜・帕特森
Christina Patterson

「這個，」我的父親說著，「就像一顆桃子。」他剛剛撫過我的臉頰，而我這才第一次意識到將我與身外世界隔離的這身薄膜。

舔掉手指上的冰淇淋、踮腳走在沙灘和感覺海水輕拍小腿，我知道這些都讓人覺得舒服。在幼兒園玩溜滑梯溜得太快而一臉撞上冰冷的金屬邊，我知道原本滑順的地方猛然就會有道裂傷。當母親掀開膠布時，她不禁嘆息地說希望我不會留下疤痕，可是我還是留了疤，現在疤也還在。即使發生了這件事，我望著被鐵絲網劃破而長出如同甲蟲殼般的褐色硬皮的膝蓋，以及重重撞上磚頭而從白色轉為紫青斑點的手肘，我依然不曾對這個人體內外分界的東西有什麼想法。

後來，因為游泳的關係，你的身體會長出叫做疣的東西，那意味著你必須到專門診所去把它們燒掉。還有因為輕輕碰到蕁麻，或者是試著要追逐一道浪而碰上了不好的水母，你可會出現紅腫，實在有太多東西都會造成擦傷、切傷或刺傷了。但是唯有等到父親摸著我的臉頰並說它像個桃子，我那時才意識到父親覺得漂亮的這一層叫做皮膚的東西。

當時的我並不知道孩童的皮膚跟成年男女的皮膚不同；我不知道孩童的皮膚比較柔軟、比較滑順而且更好觸摸，而箇中緣故是因為孩童皮膚底下有更多脂肪組織，而且皮膚外層仍是厚的。我當時也不了解，這層柔軟、滑順且點綴著一層細毛的東西會讓一個大人快樂和感傷；它可以讓一個成年人因為喜悅和想要保護的衝動而心跳加快，但是也會讓人因為害怕而揪心。當你還是個孩子，你不知道有個成年人稱為「純真」的東西，而那必然會失落在人生之中。

當你是個孩子，你不會了解新鮮的年輕皮膚被認為是漂亮的東西，而且是因為青春在人的眼中是漂亮的，漂亮的東西就會受到獎賞。不過，你確實學到醜陋的事物就不會如此。例如，你可能聽到了聖經中的痲瘋病人的故事。你可能聽過，有位被譽為彌賽亞的人觸碰了一個痲瘋病人，並告訴他要「保持乾淨」。他之所以告訴對方要「保持乾淨」，那是因為一旦有了這種疾病，你的皮膚會產生鱗屑、手跟腳的趾頭會因之變形，而人們就會覺得你很骯髒。你從中學到，痲瘋病患要離群索居，有時還需要搖鈴以便提醒他人自己的到來。

如果你真的聽過聖經的故事，那你大概也聽過約伯（Job）的故事。聖經提到神對於約伯的試煉。神允許撒旦屠殺了約伯的牛隻、駱駝、驢子和羊群，神也允許撒旦殺害了約伯的兒女，並且允許撒旦用癤瘡來「折磨」約伯。約伯的癤瘡嚴重到毀損他的形體，連他的三個最好的朋友都認不出他來。而當他們終於認出他的時候，他們驚嚇到有一個星期都無法開口說話。

從聖經的故事，你學習到皮膚病是讓人感到羞愧的東西。然而，正當你開始想著自己有多麼想要觸碰他人的肌膚，以及自己有多麼想要他人的雙唇碰著自己的嘴唇；事實上，每當通過血管的體內荷爾蒙讓你不禁想著，自己最想要的就是能夠與人赤裸相貼，於是你開始端詳著鏡中的自己，但是卻看到身上出現了小紅點。

如果你夠幸運的話，可能是冒了青春痘，不過就算是青春痘，也能夠打擊正徘徊於孩童和甩開童年之間的人的脆弱自信心。正當你擔心著怎麼所有朋友都好漂亮，而自己卻太胖或太瘦，或者是太高或太矮的時候，你可能發現自己的臉上接二連三出現了小膿包。說起這種情況的人似乎都覺得很逗趣；書籍、電影和電視節目似乎覺得青少年長痘子很逗趣。可是當你覺得自己好醜，醜到不想出門的時候，這似乎就不是真的那麼逗趣了。

當青春期過去了，可是痘子卻沒有消失，那就根本不會讓人覺得逗趣了。我對此非常了解，因為我就是這樣。臉上有痘子對我來說已經夠糟了，可是我二十三歲的那張臉卻是糟到像在打仗。當我到醫院治療皮膚病的時候，臉部的糟糕程度讓諮詢師邀請了一群學生進場呆視觀摩。醫師開立處方要我進行「長波紫外線光化治療」（PUVA），這意味著我每天都要去醫院，躺在像直立式棺材般的鐵箱裡被特殊的紫外線轟炸臉部。幾個星期過後，紫外線光燒掉了大部分的痘子和幾層皮膚，但是就是沒有燒掉痘疤。

當我的臉部狀況益發嚴重、流膿，而且還正因深沉紅色腫塊就要冒出大黃痘頭而翻騰不安，我偷偷望著車子側後視鏡，鏡中映照的景象讓我感到噁心，心想這大概是最糟糕的情況吧。我現在則知道，發生在我身上且嚴重到要轉診看國內最頂尖的粉刺專家的粉刺狀況，只不過是皮膚所能出現問題的冰山一角。

比方說，在英國倫敦蓋伊醫院（Guy's Hospital）的高登博物館（Gordon Museum）裡，你可以發現許多的臉、手臂和腿，但是看起來卻不怎麼像是臉、手臂和腿，那是因為它們都布滿了鱗屑，或是腫塊，或是疙瘩，或是腫脹如角的大肉瘤。有些確實是角；館長說這些是「皮角」（Cutaneous horns），並且不帶情感地告訴我，皮角是由「軟組織」所組成。在玻璃標本罐裡，你可以看到癌瘤（carcinomas）、黑色素瘤（melanomas），以及看起來像是蜥蜴皮般的人類皮膚。有個玻璃罐裡，你可以看到一顆婦女的頭；那是個年老的女人，有著亮紅色的頭髮，可是比那頭頭髮更駭人的是從她的眉頭長出的巨大鱗屑增生物。

如果你對這個博物館收藏所留存的故事想太多的話，你可能會發瘋；例如，倘若你思索著那個有著巨大腫脹的腳的男子，可是那隻腳看起來卻不像是人腳。館長說那是「戰壕腳」（Trench foot）；然而在所有來自第一次世界大戰的故事和詩歌中，戰壕腳至少還會讓你想到看起來像是腳的東西。或者是想想那些動手術前先為自己畫張肖像的中國病患，他們的巨形腫瘤看似多出來的肩膀或背部；他們在沒有麻醉的情況下切除腫瘤；奇蹟似的，他們都存活了下來。

再來是館裡的一個小嬰兒，人們稱之為「斑色魚鱗孩」（harlequin baby）。「harlequin」這個英文字讓人想到了小丑，可是當你看著蜷曲在罐中的小嬰兒，你絕對不會想到喜劇。當你看著裹覆在其身上的菱形鱗屑，皮膚龜裂分離，你不禁想著生出這個小嬰兒的母親，想著她短暫地把嬰兒抱在懷裡的感受。

當我換過一個又一個皮膚科醫師，用過一種又一種的乳液，並且嘗試了各種醫師可以想到的藥物，我並不知道皮膚有可能出現的所有可怕狀況。不過，關於皮膚的運作，我倒是學到了不少。我買了《粉刺治療》（*The Acne Cure*）和《超級皮膚》（*Super Skin*）這類的書。我也買了一本書名為《粉刺：清潔肌膚的建議》（*Acne: Advice on Clearing your Skin*）的書。「粉刺，」這本書的第一章的第一句話寫著，「是我們依舊需要研究的一種皮膚病。」換言之，這是還無法治癒的一種疾病。書中有圖解展示「堅韌的外層皮膚」叫做「角質層」（stratum corneum，又稱horny layer），書上說這就像是一層「保護塗層」；其下方是「表皮」（epidermis），表皮製造的細胞會向上移至「角質層」，而表皮之下則是含有血管和神經的「真皮」（dermis）。「一個表皮細胞，」該書寫道，「大概要花上二十八天才能夠從表皮的底部上移到頂部而形成角質細胞。」換句話說，皮膚只要二十八天即能汰舊換新；不到一個月的時間，你就有了新的皮膚、新的自己。

麻煩的是，大多數的皮膚病都不會在一個月內痊癒。我的皮膚科醫師組成了一個粉刺病患支持團體；你是不會為了一個月內就消失的事物而經營支持團體的。我買的另外一本書是《學習與皮膚疾病共處》（*Learning to Live with Skin Disorders*），而在皮膚出現小碎片、鱗屑和剝落的情況，該書並沒有告訴你應該要打開小藥盒吞顆藥丸。對許多人而言，皮膚病症會跟著一輩子。「為什麼我這麼早婚呢？」從六歲起就有乾癬（psoriasis）的小說家約翰．厄普代克（John Updike）寫道，「箇中原因是，當我找到了一個不會嫌棄我的皮膚狀況的秀麗女子，我可不敢冒著失去她而要再找下一個人的風險。」他在著作《自我意識》（*Self-Consciousness*）中的一篇名叫〈與我的皮膚打仗〉（*At War With My Skin*）的隨筆中如此寫道。

不過，科學日新月異。例如，在「幹細胞與再生醫療中心」（Centre for Stem Cells and Regenerative Medicine），生物學家正在觀察皮膚細胞回應環境的方式，以及幹細胞於其中所能扮演的角色。皮膚、表皮、毛囊和皮脂腺都有各自的幹細胞。倘若你出現傷口，幹細胞會開始進行平常不會做的事。事實上，幹細胞可能是我們的救星，而對於身有皮膚病的人，有誰會不想得救呢？

我不知道是什麼讓我戰勝了這場皮膚的戰役，可能最後是時間的關係吧。然而，在歷經醫學治療、順勢療法、自然療法、針灸治療和藥草治療通通失敗的年歲裡，我學到了皮膚通常可以表達我們表達不出來的東西。當我們悲傷、憤怒、失落或孤單之際，皮膚就會起泡、發癢或流汁。我們可以吞下藥丸和塗滿藥劑，但是用消聲器掩住一個人的嘴，那只能讓人不要聽到那些話罷了。有一半的時刻，我們並不知道為什麼會這樣，或許應該說大部分的時間都是如此。我們只知道自己是怎麼過日子的，像是工作、家庭、住處或心靈，而就是這些讓我們的皮膚百般不舒服。

若不相信心靈可以直接影響到皮膚的話，請參看一下研究資料。在一份關於接觸性皮膚炎的日本研究中，所有參與人都要觸碰無害的葉子，但是他們會被告知自己碰的是會產生類似毒藤作用的葉子，結果所有的人都對無害的葉子出現了反應。許多研究也顯示，當摯愛的人過世的時候，人的皮膚會出疹子。「皮膚病，」心理分析師達瑞安．里德（Darian Leader）寫道，「通常是象徵性的，但是其中涉及了組織的變化。」在《人為何會生病？》（*Why Do People Get Ill?*）一書中，他描述了一名年輕士兵的案例；該士兵出現了看似被鞭打過的紅腫皮疹。他在九歲的時候，因為從女生宿舍的窗戶向內偷窺而受到了鞭打，十年之後，當他被人發現在軍隊駐紮地的護士宿舍外頭流連徘徊的時候，就又全身起了疹子。他當時希望見到某一位女護士，但是卻被一位軍官攔住並叫他離開，後來不到一個小時之內，他就出現了紅腫狀的疹子。

皮膚是設計來讓我們免受外在世界的影響，也難怪我們通常覺得皮膚不夠厚。我們說，我們需要多長出一層皮膚；我們說，我們想要在這身皮囊中感到自在，至於我們不想要的，就是讓自己的傷悲或恐懼全寫在臉上。

或許是這樣的奇蹟：大多時候，情況都非如此。大多時候，對於我們多數人而言，皮膚這個人體最大器官並不會布滿紅疹或潰爛。大多時候，對於我們多數人而言，皮膚執行著份內的工作。它包住了一切。它讓身體維持適當的溫度以利生存。它在需要的時候能夠伸縮自如；它保護你免受危險，並且向你提出疼痛的警告。它也能讓你感受到陽光煦煦，以及愛人撫摸所帶來的觸電般的喜悅。

隨著日升日落、月的盈虧，以及四季遞嬗，皮膚製造著大量的新細胞；不論生命有什麼變化，它還是繼續生產那些細胞。當你出現新的傷口，皮膚會將之療癒；儘管可能留下了疤痕，但是確實是痊癒了，而這樣過後可能不會看起來像顆桃子。當你真的活過一陣子，你的皮膚就不會看起來像顆桃子；當你真的活過一陣子，介於你和世界之間的那道有彈性的屏障會顯露出某些你奮戰得勝的戰役痕跡。我們因而應該看到那些疤痕所透露的美麗。

鼻子

Nose

A · L · 肯尼迪

A. L. Kennedy

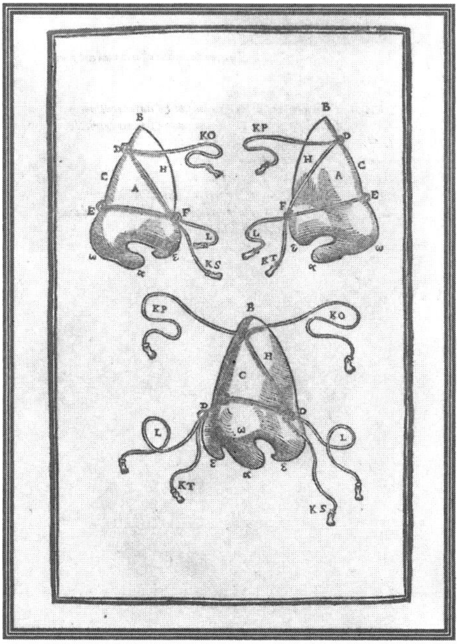

在尼古拉・果戈里（Nikolai Gogol）的故事《鼻子》（*The Nose*）中，一位名叫科瓦廖夫（Kovalyov）的公務員於清晨醒來時發現自己的鼻子不見了；原本是鼻子的部位現在只不過是個光滑的平面。沒了鼻子的柯瓦廖夫不能工作、無法吃東西，甚至害怕出門。這對他的女性朋友來說，是這樣的，除了算是某種臉部特徵的缺乏，沒有鼻子似乎還暗示了男人下半身的不足。可是更糟糕的是，科瓦廖夫的鼻子獲得自由之後，正在聖彼得堡四處悠晃，身穿「黃金編織的高領制服、鹿皮馬褲和裝飾帽章的帽子」，可以說是一身致勝衣裝。

果戈里本人有著一個著名的大鼻子，可是這個故事並不是他的個人聲明，而是有關沙皇時期俄國迷戀位階的荒謬諷刺作品。即使如此，故事裡有著許多與鼻子有關的智慧。儘管人們或許天生就愛護著有大眼睛、寬額頭和小巧鼻子的嬰兒般的臉，但是我們仍有許多理由來珍視自己的鼻子。在人的一生中，鼻子勇敢地走在我們前面，會隨著時間流逝而緩緩地下垂變大，或許是要表明我們正日漸成熟和足智多謀。鼻子幫助我們形成表情，一旦失落或損壞鼻子，臉似乎會變得相當奇怪，這也是人類為何有著以美容物替代失落或損壞的鼻子的長久歷史。十六世紀的天文學家第谷・布拉赫（Tycho Brahe）有個銅製鼻子；第一次世界大戰中被毀容的英軍得到了精心繪製的錫製鼻子和基本的皮膚移植；最早的植皮記錄是為了修補鼻尖，是在一七九五年於印度完成。整形手術現在可以進行大量打造或重建鼻部方面的工作，選擇性鼻外觀整形手術（elective rhinoplasties，也是俗稱的「隆鼻」）的廣受歡迎，正表明了這個最公開的人體器官的完美感對人類自尊的重要性。

鼻子能啟動嗅覺，其召喚記憶的速度要比意識思想更快，並且讓食物有了味道；實際上，我們嚐到的滋味大多都是來自氣味。如果你不相信這一點的話，不妨試著一邊吃蘋果一邊聞汽油看看。因為意外或疾病而罹患無嗅覺症的病人，即是他們失去了嗅覺，一般都會出現食慾不振和稍微無法享受食物的反應。嗅覺也可以改變心智。研究顯示，吸入垃圾的味道會影響人的道德判斷，而使人的政治傾向趨於保守。看房子的當下，若是被迫嗅聞狡猾的房仲所準備的溫暖香草味，人可能就會浮現如此的念頭：「嗯，我一定要買下這間公寓，這味道讓我想起了蛋糕和快樂的童年。」每次的吸入讓我們能夠呼吸而說話、唱歌、發誓和生活。人體敏感的嗅球可以啟動連串化學物質，讓大腦享受各式事物，包括了一束花中的玫瑰醚的同分異構物，以及咖啡味道中成百上千的化合物。

我們實際上有四個鼻孔，兩個在外，另外兩個內部鼻孔則在鼻腔後頭接近喉嚨入口之處。四個鼻孔交替運作，我們即可辨識複雜的氣味以及它們的來源。外部的兩個鼻孔各自有著無數的毛髮；這些是鼻毛，很久以前是人類的鬚毛，有助於淨化每次吸入的空氣，黏液也有此功能。我們的黏液是由鼻子表面的細微纖毛推進，其所含的化學物質可以對抗疾病和抑制花粉。每一天，鼻子會一整天濕潤多達一萬四千公升的空氣，以便讓呼吸更順暢舒適。果戈里筆下的科瓦廖夫害怕出門是對的，畢竟沒有鼻子出門是很危險的事。

出門在外，我仰賴鼻子來避免造成社交災難，這是因為我的認臉能力很差，但是短暫嗅聞到的某人氣味的記憶卻可以持續多年。可是反覆解釋自己的失能的同時，我了解到提及氣味本身也可能帶來社交災難。這是因為氣味是個人的、動物的和基本的東西，簡單地提及一下就足以引發不自在（如果不是歇斯底里的話）的笑聲。這就是何以不難發現，我們那複雜的、有用的且美好的鼻子常常會淪為笑柄。

我們會取笑鼻子。紅色的鼻子是小丑身上唯一不恐怖的部分，即使沒有穿上小丑服，紅鼻子卻可以立即增添歡樂。這可能是嘲笑因微血管破裂而略呈紫色的鼻子的一種正式方式，而讓我們聯想到酒鬼、流浪漢或戶外苦力。小丑有時似乎盛氣凌人，原因或許是小丑其實是不受管教而要找人麻煩的可憐人。

馬克斯兄弟（Marx brothers）是才華洋溢的喜劇演員，不過擁有突出的鼻子讓他們占盡上風。玩具商店一直都有賣連著塑膠鼻子的格魯喬眼鏡（Groucho Glasses，又稱beaglepusses，譯註：格魯喬為馬克斯兄弟之一），一個蔚為經典的鼻子比它的主人還要長命。愛因斯坦是個天才和很棒的溝通家，可是他持久的聲譽都是來自於其理論物理學的迷人吸引力嗎？難道我們不會稍微因為他臉上親切且引人注目的鼻子，而對他那令人相形見絀、轉變想像力的概念感到溫暖和記憶深刻嗎？生平不甚清楚的作家西哈諾·德貝爵哈克（Cyrano de Bergerac，譯註：因為電影片名之故，中文俗稱他為大鼻子情聖）是世界科幻小說先驅，就我們目前所知，他有著大於一般人的鼻子，總是在他的決鬥、爭辯和異想天開之中挺身向前。在艾德蒙·羅斯丹（Edmond Rostand）的同名劇作中，他增大了西哈諾的鼻子，並創作出了一個令人難忘的英雄人物。這部西哈諾戲劇是個無法形容的悲劇，部分原因是不要讓我們過分嘲笑那個鼻子；我們就是會笑，不論是我們看到吉米·杜蘭提（Jimmy Durante）唱著溫柔的情歌，或者是看著伍迪·艾倫（Woody Allen）在其未來派喜劇電影《傻瓜大鬧科學城》（*Sleeper*）拿著槍指著一位獨裁者所剩下的鼻子。

我們不僅會嘲笑鼻子，同時似乎也憎惡鼻子；這樣的突出物顯然冒犯了我們。不當的好奇心干涉了鼻子的存在。性感的電視醫學影集販賣的是演員誘人的雙眼，故而利用手術口罩遮蔽了不浪漫的鼻子，而誘人地戴著面紗的女性美的陳腔濫調的操作也是基於相同的道理。鼻子是我們瞧不起或嗤之以鼻的東西，不然的話，我們就只是默默地被鼻子牽著走。

描述氣味的第一個字和最簡單的字都與動物的親密性（母親的皮膚和頭髮）有關，這些字更常是指那些讓人發自內心感到不舒服的氣味，而且極可能是我們的過錯。佛洛伊德認為氣味是原始的，而且與人類發展的肛門期密不可分。即使是用來描述有氣味（「發出味道」〔smelling〕）的質地的中性字眼也絕非是中性的。誠如你會發現，當我們告訴所愛的人：「親愛的，你有味道。」即使接在那句話後頭的是「聞起來像是糖果屋和天堂」，卻可能早在一開始就先打壞了才剛萌芽的關係。人是動物，但是不想要聞起來像動物，所以存在著幾十億的產業都是為了讓人類遠離自身的體味、腳味、口臭、汗味。在得知微生物的存在之前，我們甚至把感染歸咎於是壞氣味作祟——「瘴氣」。即使味道的中性字眼相當有限，描述壞味道的字眼則顯然是數不勝數：英文裡描述臭味的字眼包括：stink、stench、reek、pong、honk、howff、hum、ming，德文有 das stinkt，西班牙文為 eso apesta，法文是 ça pue，俄文則有 это воняет。

神經系統的理由可以來說明我們的偏見。與噁心相關的氣味是經由杏仁核的捷徑，而杏仁核是大腦裡相當情緒化、不細緻的邊緣系統的一部分，因此能夠觸及到我們的根本和動物性的層次。比較愉悅和中性的味道是經由大腦皮質來處理，這裡是比較聰明、已經巧妙進化的大腦層，讓我們得以製造出起司條和除臭劑，並且可以超越香味所挑起的情緒。就進化的角度來看，壞氣味代表的是危險、腐爛、恐懼、疼痛、逃離和反抗，因此能夠快速察覺並加以反應是很重要的。

當我們談論某個東西在道德上令人噁心，我們可能會說這個東西的味道不好、很臭，而這就提示了大腦對於隱喻性憎惡採取了如實際性憎惡的相同處理方式。有些味道是如此惱人而受到極度重視以便防止它們殺了我們——還有什麼呢？味道攸關生存，因此味道與大腦早期進化的部分有諸多關連，像是邊緣系統和腦幹。我們之所以會用對待不歡迎的侵入者的方式來看待氣味，是因為其運作於人體深處，在我們控制思想的下方。氣味與保存文字的左邊新皮質只有相對的少數連結，這意味著我們描述不具潛在威脅的氣味的能力是先天發育不良的。清晨樹林如管弦樂般混合的複雜味道聞起來……很好聞？有鄉村味？森林味？巧克力聞起來……像巧克力？氣味並沒有單獨的字彙來形容一切，甚至精於味道的人也是如此；那些靠著分類酒或香水來維生的鼻子都是以其他事物來描述香味和味道：些許的檀香和蛋殼、瀝青的餘味等等。我們可以挑撿出強烈度、甜度和辛辣度，但是除此之外就不多了。只有少數氣味敏感的文化（通常發展於光線不足的環境）則有一批跟味道有關的字彙。像是印度洋安達曼群島（Andaman Islands）、巴布新幾內亞（Papua New Guinea）和亞馬遜（Amazon）的部落，他們都有字彙來形容微妙相連的氣味群組。對他們來說，一種氣味可以清楚地類似於同一氣味群組的其他氣味，就好像藍天、藍色警察崗亭和淡藍色，儘管這些東西大不相同，但是依舊都可識別出是藍色的。有些研究人員認為，這種以氣味為主的文化可能是人類先祖丹尼索瓦人（Denisovans）遺留的早期特徵，而且有些人體內至今依舊帶有這個基因。我自己渴望的是這樣的一個世界，那裡可以接受氣味所建構的香味的調色盤、家族和自豪的字典。許多語言確實都有用來形容一種複雜氣味的字，由於相當普及有用，因而流傳了下來，大概是我們在狩獵採集時期就有了。這個詞彙在英文是petrichor，那是讓我們知道快要下雨的一種氣味。

當然也是根據一些學者的說法，就是優先考慮「原始」感受的族群或許是格外原始的，可是這也可能是我們反氣味的偏見說法。嗅、聞不需要文字就可以傳達給我們一大波資訊，但是不是每個人都喜歡這樣的方式；這種方式似乎更適合狗或至少其他的多毛靈長類動物，而不是那麼適合人類。長久以來，有錢有權的人都戮力確保自己不會聞起來像窮人，也不會在窮人聚集的下風處建造房子。文明始終是與沒有味道有關，或者至少不能是生下來就有味道。堅決理性和節制的柏拉圖認為使用香水會導致喪失男子氣概和道德淪喪，甚至連康德也反對氣味。鼻子被所有不雅、骯髒，甚至是無法自拔的性感之物牽扯在一塊兒，而我們只能對之嘲笑以示報復。

我們當然應該要感謝氣味。當二十世紀初期的神經學家企圖了解大腦結構時，他們解剖了老鼠，並且注意到老鼠擁有巨大的嗅球；到了近期，神經學家則開始試著了解自己。與這些嗅球緊連的是老鼠大腦裡最初命名為嗅腦（rhinencephalon，又稱nose brain）的區域，我們現今則稱老鼠和人類大腦的這個區域是邊緣系統。這個部位不僅與提高警覺、激動狀態和情緒處理有關，同時可以幫助我們創造回憶，這也是為何某些氣味並不只是動物性的入侵味，它們是時空旅行、喜悅、家鄉和心碎歷程。

我永遠不會忘記，即使在祖父過世多年之後，聞到擦身而過的男子身上散發出祖父的鬍後水的味道，就在那個深沉的時刻，我可以召喚他的聲音、他的容貌，並再一次投入他懷抱之中。這是一份鼻子的禮物。

儘管如此，是的，我必須承認有些鼻子的禮物似是令人不安。沒有問題，老鼠太太可以透過味道而知道現在是該跟哪裡的男鼠伴製造老鼠寶寶的時候了，或者是從氣味來辨識出包括老鼠寶寶在內的親友。老鼠太太甚至會與親近的鄰居老鼠女士協調自己的生殖週期，這是因為她們吸入了彼此的費洛蒙（pheromones）。我們人類（連我也是）極為仰賴視覺——感官之中的那個又酷又世故的時尚攝影師，可是人類是靠著嗅覺來辨識親戚和選擇伴侶，能夠偵測出生殖力，甚至是特定的基因也行。我們可能因為味道的關係而覺得某一張臉龐更加迷人，並且往往會選擇能夠加強天生自然融合體味的香水。為了消除天生的體味，我們可是所費不貲，然而費洛蒙依舊會改變人的情緒、專注力，以及看待彼此的方式，並讓女性的經期同步。數百年來，陽具面具和與鼻子相關的情色幽默幫助我們應付了鼻子的古怪性感。我們現在已經了解氣味可以幫助我們進入和維持親密關係，鼻子甚至含有勃起組織……至於與我們交往而有了關係的人呢？我們喜愛近距離地嗅聞對方的味道；我們的身體在每一次呼吸之中延續著彼此。這也難怪巧妙狂野而充滿激情的浪漫主義運動（Romantic Movement）擁抱了味道。

鼻子讓我們得以呼吸、給予我們生命：孩子皮膚的香味，或是愛人的溫柔氣息、回家時聞到的門廊氣味、每嚐一口所帶來的愉悅，以及讓時光倒流的力量。因此，請勿再對鼻子開玩笑或羞辱它，而是讓我們驕傲地帶著鼻子一起向前行。

闌尾

Appendix

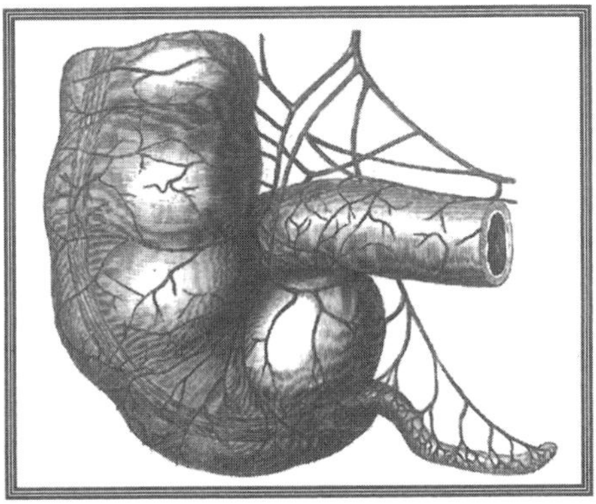

奈德・包曼
Ned Beauman

過去幾年，我花了很多時間待在紐約，表面上是去推銷自己的小說的美國版，實際上是在吃墨西哥玉米餅和喝波本威士忌。我在當地認識的許多人都是某方面的自由作家或藝術家，對於總統川普要廢除「患者保護與平價醫療法」（Patient Protection and Affordable Care Act，又稱「歐巴馬醫保」〔Obamacare〕），並換成他所設計的「了不起的東西」，他們不禁憂心忡忡。在美國，朝九晚五的上班族都是透過雇主替他們投保健康保險。在歐巴馬醫保之前，如果你沒有雇主、沒有公會，你就不具加入政府任何計畫的資格，加上你是一個住在布魯克林區苦苦掙扎的小說家，健康保險大概是你無法負擔的東西。美國是世上健保系統最昂貴的國家，並且每年會變貴約百分之五。這意味著要是你得了某種嚴重的病症而需要入院治療，可是你卻沒有健康保險，醫療費用可能會讓你貧困潦倒。

我不是美國永久居民，故而沒有加入歐巴馬醫保的資格，我在那裡只能以訪客的身分買份旅行保險。可是我從來沒有真正信賴過旅行保險，因為如果打電話詢問保險公司特定事故是否在理賠範圍，你幾乎不可能事先得到對方的肯定答案。在緊急情況下，你得先自付所有費用，接著就要向神祈禱，希望沒有某種印得小小的詭異特定條款讓保險公司免於事後償還已墊付的費用。身為一名英國的納稅人，我至少還能感到欣慰，明白在罹患如癌症等慢性疾病的情況下，我可以直接飛回倫敦癱倒在國民健保制度（NHS）的熱情歡迎的懷抱之中。當然，有些時候，你就是無法搭上飛機。正因如此，每當我待在紐約的時候，我在下意識裡都有著兩個神經質的恐懼：一個是害怕自己會被計程車撞，另外一個則是闌尾爆裂。

在我為了這篇文章做些研究之前，我對闌尾有著以下的堅定看法。我以為闌尾是人體退化殘留且無任何作用的部分，就像是智齒、雞皮疙瘩，或是我那乾燥脫屑的卷纏尾（prehensile tail）。在任何時刻，闌尾都可能無端且毫無警告地破裂，讓你的體內感到痛苦萬分而必須直接到醫院動手術；如果這是在美國醫院的話，術後醒來的你會看到病床旁的銀製淺盤上躺著一個散發香味的信封，裝在信封裡的是一張十萬美金的帳單。

我後來才知道以上的看法都是錯誤的，且讓我以相反的順序一一解釋。根據估計，在美國進行一次闌尾切除術的平均費用只有一萬四千美元，相當於一萬英鎊左右。這當然還是一大筆錢，可是沒有像我害怕的那麼多，我完全不知道自己是從哪裡聽到十萬美元的數字。此外，按理說，旅行保險確實會理賠這項手術。或許我有一天會以某種方式發現確實情況；然而，如同我們成年人所累積的大多數的實踐智慧，這個資訊來得稍嫌太晚而派不上用場，除非結果證明我是某種醫學奇蹟，有辦法再長出闌尾，或者是天生有三個闌尾，否則的話，我是不可能再經歷一次割闌尾手術的。

《恐懼的代價》（*The Wages of Fear*）是我最喜愛的電影之一，這是亨利喬治．克魯索（Henri-Georges Clouzot）於一九五三年執導的傑作，其中鋌而走險的四個男子開著裝滿硝化甘油的卡車穿越南美的山路，由於貨車有隨時爆炸的危險，所以他們知道自己只有一半的存活機會。我以前也是這麼看待自己的闌尾，而現在已經明白這其實不能與《恐懼的代價》等同相比。闌尾是個類似沒有骨頭的手指般的小肉袋，懸掛在人體右下側的大腸尾端，根本不會一下就爆裂。闌尾炎是一種逐漸發炎的狀況，而這跟闌尾破裂的狀況不同，後者是你的闌尾真的開始漏出毒素到腸道裡。遠在闌尾真的爆裂之前，你會感覺到闌尾開始腫脹，讓你有足夠時間到醫院治療。有些情況下，你甚至不需要開刀而只需要服用抗生素，但是其他的情況就需要在出現敗血症而死亡之前動手術將之切除。或許所有人都知道這些，但是我不知道。闌尾的一個更好的比擬則是童貞。當我還是個青少年的時候，我總是覺得要盡早去除童子之身，否則的話，童貞就會越變越大，大到身體不再有空間容納其他事物，我也會因此而痛苦死去。這大概提供了一種佛洛伊德式的基礎，能夠解釋我為何深深羨慕擁有適當健康保險的美國人，他們可以不加思索就進行闌鍵切除手術，而不需要推拖，即使可能要負擔可觀的個人支出。

我對闌尾的第三個錯誤想法就是以為它是個過時的科技；或者，借用一個中肯的美國南方說法，闌尾就跟公豬的乳房一樣毫無用處。大部分的人在求學時都被教導闌尾對人沒有任何功用，甚至連醫學系的學生也被灌輸這樣的觀念。一九八〇年代的一本醫學教科書就聲稱：「闌尾的重要性就是做為手術專業的財務來源。」

事實卻絕非如此。當我戰戰兢兢地走在紐約下東區，感覺像是自己的下腹部裝著硝化甘油一樣，我從來沒有想到自己有一天會捍衛闌尾，可是這個器官事實上的確遭到造謠中傷。闌尾之所以普遍受到詆毀，可能跟人們在常理下仍尊重查爾斯·達爾文（Charles Darwin）的權威有關。在《人類的起源》（*The Descent of Man*）中，達爾文提出深具影響力的主張，認為盲腸的這個蠕蟲狀附屬物是個「退化器官」，是一個「帶著毫無作用的一般戳記」的人體器官；人類之所以還有闌尾，只因為我們的祖先是低等哺乳類動物，因而可能需要闌尾來消化樹葉和青草。即使到了今日，進化主義學家與創造主義學者爭辯時依舊會提起闌尾，前者主張，倘若真是神從無到有創造出人體，那實在很難解釋祂為何要留著這個毫無作用的小小混帳東西，畢竟闌尾只是整天無所事事呆坐體內，而且密謀著要如何用醫院帳單來毀滅你的人生。

不過，達爾文過世不到二十年，醫師注意到了闌尾其實充滿了淋巴組織。蘇格蘭解剖學家理察・J・A・貝瑞博士（Dr. Richard J. A. Berry）則以此為證而堅稱：「人類的蠕蟲狀闌尾並不是……一個殘留的構造。相反地，它其實是消化道有著專職任務的部分。」這是他在一九〇〇年寫下的文字，遠遠早於我們被學校誤導的年代。由於淋巴組織對人體的免疫系統相當重要，後來的生物學家就推測闌尾可能具有某種免疫功能。而在二〇〇七年，美國北卡羅萊納州杜克大學（Duke University）的威廉・派克博士（Dr. William Parker）和一支研究團隊出版了一篇論文，或許闌尾終於能夠獲得平反。

現在的我們都從優格廣告得知，人體體內有許多對健康有益或者甚至是重要的細菌。我們每個人的腸子裡約有幾百兆的微生物，而這整體被稱作微生物群系。如果你受到感染而有嚴重腹瀉，此刻人體會採用極端選擇而把腸道裡的細菌全部排出體外。如此一來，當你甩掉壞菌的時候，你同時也驅逐了益菌。派克則主張此時闌尾的功能就像是諾亞的方舟，人體的益菌可以在洪水退去後在闌尾重新繁殖。這就可以解釋闌尾為何有淋巴組織：闌尾的免疫系統維持著叫做生物膜的結構，可以說是細菌的祕密藏身之地。

如果派克博士的主張沒錯，相較於已經割掉闌尾的人，仍有闌尾的人從嚴重腸道感染中復元的速度應該要快上許多。想要測試這一點並不容易，畢竟已開發國家現在已經沒有什麼人會罹患霍亂了。不過，紐約的一家醫院最近有項研究觀察了感染困難梭狀芽孢桿菌的病患，至於人們之所以出現這種嚴重的感染，可能是在抗生素療程中把腸道菌群沖刷殆盡的結果。這個研究發現，沒有闌尾的人再次感染困難梭狀芽孢桿菌的可能性為四倍之多。根據派克的研究模式，這樣的情況是因為這些人重建體內微生物群系的速度根本不夠快，以至於無法對抗下一波的攻擊。

在我訪問派克博士的時候，他還告訴我另外一件闌尾的趣事。達爾文之前的時代，闌尾炎是罕見或根本不存在的。古希臘羅馬的醫學記載找不到有人因為我們現在稱之為闌尾炎而死亡的紀錄，即使時至今日，非洲和南美洲的前工業社會也不用擔心這樣的痛苦。雖然我們還不知道其確切原因，但是派克博士認為這表明了闌尾炎是現代免疫系統不良的病症，就像是哮喘和過敏，開發中國家的人都不太會有這些病症。已開發國家有著充足的熱水和肥皂，而且人們居住在相對無菌的環境；結果可以套用派克博士的比喻，我們的免疫系統會像是無事可做的無聊青少年，沒事找事做，而在這種情況下，闌尾因此無緣無故地發炎。

這代表闌尾對開發中國家的人有著截然不同的地位，其原因有二，而且都跟衛生有關。首先，由於你在發展中國家比較容易罹患腸道感染，在人體受到感染後需要繁殖所需的細菌時，闌尾就更有機會切入發揮用處。再者，你的免疫系統不太可能會因為無聊而開始發瘋，這表示你不用擔心因為闌尾發炎腫脹而死或被搞到破產。

醫學顯然曾經有過這樣的警語，就是殘留結構特別容易生病，而這聽起來幾乎像是對於無用的闌尾所下的一個道德判斷。可是在發展中國家，闌尾既不是殘留結構，也不容易生病，反而只有在已開發國家才會出現某個狀況或兩者皆有。因此，對我來說，闌尾彷彿是某種悲劇英雄，是生不逢時的邊遠住民。這讓我想起了麥可．貝（Michael Bay）的電影《絕地任務》（*The Rock*），在這部一九九六年的動作片裡，才在海外勇敢打仗捍衛祖國的一群美國海軍陸戰隊的士兵，他們在戰爭結束後決定脫離指揮並且占領控制了阿爾卡特拉斯島（Alcatraz Island，譯註：俗稱惡魔島，島上曾設置為美國聯邦監獄），原因是他們發現自滿的現代美國社會根本不尊重他們為國家所做的犧牲。回想一下，比起《恐懼的代價》或我的童貞，《絕地任務》是闌尾更好的比擬。

從前我的腦袋若是浮現了闌尾破裂的畫面，一般來說會發生在看似有希望的首次約會開始的二十分鐘左右。不過，還有比這更糟糕的地方。在一九六〇年，一艘船隻從蘇聯駛至南極的席爾馬赫綠洲（Schirmacher Oasis）興建一處新的極地基地。就在冬天降臨而海水結冰之際，船員完成了興建的工作。幾個星期過後，來自列寧格勒的二十七歲的基地醫師列昂尼德・伊方諾維奇・羅格佐夫（Leonid Ivanovich Rogozov）卻病倒了。他知道自己得了急性闌尾炎，可是基地裡沒有其他人知道要如何開刀。因此，在將近兩個小時的手術中，只能使用當地麻醉劑的情況之下，由於他看不到自己的腹腔內部，大部分都是靠著觸摸的方式來切除自己的闌尾。他從手術中活了下來，並且在兩個星期之內就回到工作崗位。

我想羅格佐夫的心裡一定會這麼想，怎麼自己的闌尾會恰巧選在生命中的那個月分進行叛變。我想他打從那時起，對於莫非定律（Sod's Law，譯註：即Murphy's Law）或是傑洛米．K．傑洛米（Jerome K. Jerome）所謂的「一切萬物天生頑強」，他就深信不疑。我也是如此，這也是為什麼我以前一直以為，我的闌尾一定會在最昂貴的國家、最不方便的時刻破裂。這個我一開始就不想要的器官，這個從來沒有為我做過任何事的器官，這個累贅，這個多餘的綴飾，如果到頭來正是這個器官對我的人生造成了最嚴重的衝擊，那這件事就顯得有些滑稽、無厘頭、愚蠢和惡意；對我而言，這個宇宙很多時候的運作似乎就是如此。可是我現在已經知道闌尾並不是殘留結構，它只是平凡的普通器官，跟其他的器官沒有兩樣，我因而更願意接受這個平凡的普通統計數字：大概只有百分之七的英國人會在人生中受到闌尾炎的折磨。沒錯，我們可以說闌尾是個遺物和累贅——可是與所有其他會遲緩、剝落、滲漏、顫動的一連串遺物和累贅相同，就是這些才成就了我這副引以為傲的凡人之軀。

眼睛

Eye

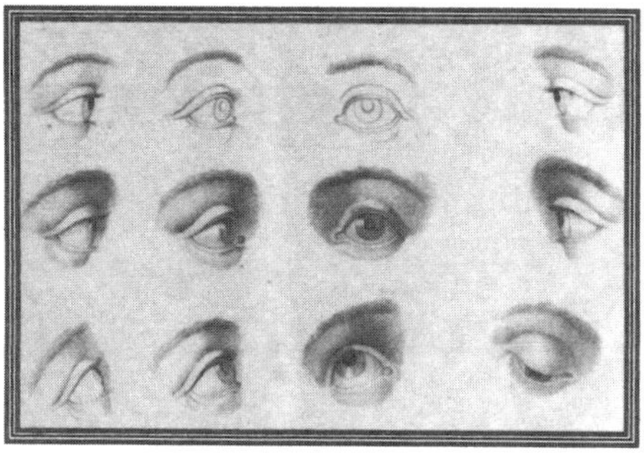

阿比・柯提斯
Abi Curtis

房間是暗的。我看著遠處牆上的兩個菱形燈光，一個是紅色，另一個是綠色。我的下巴靠在一個塑膠支架上頭，有個聲音告訴我看著燈光，一個遮板突然閃下，我的眼中就留下了一幅印象：一塊光亮中放射出樹根狀圖案。我的視線隨著一個火光移動。在近乎全黑的空間裡，一個男人剪影般的頭部前後漂移著。當我聽著他的呼吸聲，我脖子上的毛髮都豎立起來了。在這個奇異的親密關係中，我看到了自己眼睛的血管陰影。一連串的鏡片喀擦就定位，然後我看到一張有著字母的圖表從模糊變得清晰。哪一個才是真實的呢？是清晰的字母H、L、V和Z？還是在鏡片交替之間逐漸消逝的字母呢？我在十二歲的時候有了近視，教室的黑板變成了粉狀般的景觀，母親也觀察到我會像貓一樣瞇著眼睛。戴著新配的眼鏡離開配鏡師的診間之後，走過停車場的時候，我被汽車擋風玻璃上的塵埃髒汙嚇了一跳。曾經一度看似柔和的世界，現在又回復成骯髒不完美的模樣。

當我的寶貝剛出生時，他只能夠認出大的形狀、動作和明亮的顏色。他的視野可以大約延伸至十二公分，正好是聚焦在我的臉和皮膚的完美距離。當他越長越大，他就能看得更遠和看到更多細節；而他現在已經能夠看到連我都很難看到的飛機航行蹤跡，或者是月亮在日間的魅影。視覺為我們和外在世界畫出了一道疆界，甚至同時對大多數人而言是五感中最主要的感官。然而，視覺並非僅只是用來觀看和瀏覽；它其實與我們的意識緊密相關。

十九世紀末的天文學家帕西瓦爾．羅威爾（Percival Lowell）堅信火星有運河，透過強大的望眼鏡，他看到了文明的證據，運河看起來開鑿過，而興奮地推測火星或許有社會存在。可是後來才發現那是他架設的望眼鏡所產生的結果，那些他認為是火星上有社群的證據，其實是他眼球後部複雜漂亮的血管網絡的景象。我總是覺得這件事相當淒美動人，羅威爾一直到撒手人寰仍堅信自己的發現，但是沒有人相信他。眼睛讓我們跟周遭的世界產生連結，卻也再現了一種奇異的孤獨；眼睛在頭顱裡，並從大腦這個單一體向外注視：我們看到的東西對自己來說都是獨特的。就某個意義來看，羅威爾是對的：在某些方面，眼睛是人們創造社會的地方：與視線可及之處的他者彼此連結。當我僅透過銀幕來窺視面前發生的一切，眼睛此時讓我想起了我的孤單。

古希臘人相信視覺的「外射說」（extramission）：眼睛會發出光束來照明和「觸摸」環境。若是如此，我們為何不能在黑暗裡看到東西呢？這個理論後來為相反的「內入說」（intromission）所取代，中古世紀的阿拉伯學者海什木（Alhazen，譯註：Alhazen是該學者的拉丁化名，而一般常根據其阿拉伯名Ibn Al-Haytham而譯為海什木）在距今已有千年歷史的《光學之書》（*Book of Optics*）中解釋了眼睛如何接收光線；眼睛把世界引入眼中。

我喜歡用大單眼反光相機來拍自己旅行的照片，其扭曲的鏡片是我的瑕疵視力的延伸。正因如此，我也喜愛十七世紀初的約翰內斯·克卜勒（Johannes Kepler）關於眼睛就像暗箱的解釋：是用來紀錄世界的一種神祕的玻璃製玩意兒。有一位驗光師曾經讓我看過自己眼球內部的照片；簡直就是個星球的影像：一個令人難忘的粉紅色球體，跳動著網狀血管。因此，對於克卜勒也是個沉迷於探索天體奧祕的天文學家這件事，或許不需驚訝。晶體、視網膜、瞳孔、基層質；藉由視神經束與大腦拴繫的肉造有機暗箱：瞬間就可沖洗出影像的絨布暗房。不過，僅管是如此令人讚嘆的複雜，眼睛卻有著引人好奇的「設計」瑕疵：視神經結構所造成的「盲點」（punctum caecum，又為blind spot）。我們都沒有察覺到自己其實有著看不到的點。

當我們有了「目光接觸」，從外面看眼睛，眼睛是個美麗的器官，有著藍色、綠色、棕色、淡褐色、灰色等不同顏色的虹膜，而這些色彩束就像是醞釀中的風暴或冰磧的大地，全部匯集在瞳孔的黑洞。我愛用閃爍的眼影、睫毛膏和眼瞼粉化眼妝，框畫出頭顱裡我向外凝視的地方。視力良好的眼睛的形狀是個球體，可是若是像我一樣有近視的話，眼球就會稍微扁平像個圓盤，至於有遠視的人的眼球形狀則會比較像是魚雷或檸檬。這個小小的不完美使得我的早晨顯得一片模糊困惑，但是現代科學讓我得以過著正常的生活。我還記得是在我十五歲的時候，我終於可以換掉厚重的眼鏡，改戴浮在眼球上的輕薄塑膠鏡片。當時的我住在香港，走出配鏡師診間的時候，視力沒有任何部分是模糊的，我扭著頭看著熾熱的鏡像摩天大樓而不禁訝異著：這個世界又變得嶄新了。

談起眼睛，我就不可能不探索失明。神學家約翰．赫爾（John Hull）從一九八〇年代的時候開始失明，他的故事深深感動了我。在黃昏的薄暮時分，我坐在辦公室裡聽著赫爾的有聲書，想像他坐在自己的書桌前對著錄音機輕聲訴說自己的故事。他的失明旅程同時也探索了哀悼和意識的變化感受。赫爾想要知道，特別是看不到臉這件事，是否就是跟自我失去連結的開端。他的妻子瑪麗蓮（Marilyn）深思著：「我不能看著他的眼睛，也不能被他看見。就是……完全沒有被人的眼神擁抱的那種凝視的感受……，當你與某人相當親近，這真的是極大的失落。」失明不只是影響了失明的人，被愛的人也無法再被看見。我想像著看不見我的小孩隨著成長而改變的面貌；我想像著我的丈夫沒有辦法被我看見、無法從我的臉上找到辨識出他的臉的反應。我為赫爾所描述的一個夢境感到心碎；他在夢裡看見了在他失明之後才出生的小孩的臉，只是這張臉是他永遠不可能看到，就只能透過自己的無意識（unconscious）來加以想像。

赫爾終究開始接受失明是個「黑暗且矛盾的禮物」。對於雨水闡明外在世界的方式，他做了一番美好的思考而不禁想著：「要是真的能夠有類似雨水的東西落在裡頭；房間的整體形狀和維度就會浮現。」雨水可以是某種的觀看。這讓我理解到，觀看和認知還有別的形式。赫爾剖析的是一種範式轉移，就是失明的親密關係會改變個人意識。

我到了在地的地方教學醫院拜訪了一位醫療助理，他在院裡的眼科工作，我就稱他為「格雷格」（Greg）。在一間繁忙的等候室，格雷格向我走來並且充滿自信地與我握手，我在一時片刻間還懷疑了自己是不是找對人了。格雷格在二十年前因為中風而失去視力，結果現在只剩些周邊視力。根據他的描述，人的臉變得很模糊，就如同警察記錄會把人的身分變得不清楚一樣。跟他說話時，我默默想著，我的臉在他看來就像是一張空白的圓盤，可以說我偽裝了起來。在我們的交談中，我是不被看見的。不過，你可能看不出來格雷格看不見東西，而他也寧可別人這麼想。他承認自己在剛失明的那幾年有過一段憤怒和憎恨的時期，而那樣的反應聽起來更像是悲痛。他拒絕使用發給他的白手杖，並且沮喪地說出，在他當時居住的馬西賽德郡（Merseyside），那就像是歡迎人家來搶劫一樣。對於病人的生理和情感經歷，格雷格是感同身受。儘管他已經接受了這個「黑暗且矛盾的禮物」，但是依舊有著一段哀悼和放下的時期。他跟我提到以前見過的一位病人，那個男人三十多歲，甫出生就失明了，對方說自己從不想要恢復視力。對於夢想著科學進展而讓他重獲視力的格雷格來說，男子披露的想法著實奇怪。誠如赫爾所言：「看得見的人所生活的世界是其可看見的身體的投射；可是那並不是這個世界，而只是某個世界。」我開始清楚認知到眼睛的複雜和精細：太多可以出錯了；那些樹根狀的美麗血管尤其脆弱。眼睛的血管就像藤蔓一樣布滿眼球，試圖療癒時會迸裂或滲血。視神經就像是肉製的寬頻纖維，負責把影像傳遞給視覺中樞，也就是位於大腦的紅布簾電影院（譯註：紅色是我們在黑暗中會先看不到的顏色，這也是電影院的布簾和椅套多選擇紅色的原因，使得關燈後的電影院顯得更暗黑）。一旦視神經因為缺乏血液供給而受損，這樣的失明情況通常無法挽救。

如果不是視神經受損而是白內障所造成的失明，就有較多的治療選項。白內障是出現於眼睛晶體的混濁結塊，其英文字「cataract」有著奇特詩意的語源，來自希臘文「portcullis」，意指吊閘，然而它還有另外的意思，指的是瀑布和「向下急衝」的動態感。《李爾王》（*King Lear*）中所提到的「傾盆大雨」（catericks）表面上是暴風雨的一部分，但是也可以詮釋為李爾王的道德盲目的雙關語：「讓風吹吧，吹破你的臉頰，猛烈地吹吧！／就讓颶風帶來的傾盆大雨盡情倒瀉下來！」這個字與水有關的意涵讓我覺得饒富興味。說穿了，白內障是罹患的人的吊閘，是遮蔽了眼睛觀看世界的障礙；可是對於從外面觀看的人來說，白內障看起來就像是不斷打旋的瀑布深淵。

有一種近似奇蹟的簡單手術可以矯治白內障。醫院的一些工作人員告訴我，就是因為目睹了這種奇蹟，才啟發了他們從事與眼睛相關的醫療工作。可是難道一個恢復視力的經驗就這麼簡單嗎？眼睛與大腦的關係其實很複雜。在一六八八年，愛爾蘭科學家威廉·莫利紐（William Molyneux）因為妻子眼盲而想知道，一個天生失明的人要是重見光明的話會發生什麼事。他們該如何知道自己的大腦從前並不需要理解的形式和形狀呢？他們又該如何將各自發展的觸覺和視覺連結起來呢？畢竟，他們所知的世界並不必然是視覺的世界。神經學家奧利佛·薩克斯（Oliver Sacks）談到了「維吉爾」（Virgil）的案例：

維吉爾從小失明，到了中年因為動了白內障手術而重獲視力。然而，維吉爾的術後經驗並不順遂。他看到了新的形狀、線條，卻無法解析成自己可以掌控的結構、建築物或道路。他完全沒有透視感。他知道階梯是什麼東西，可是卻無法爬上或走下，這種情況就像是試著存活於艾雪（Escher，譯註：知名的荷蘭版畫藝術家，專精於創造出複雜的畫面結構與混淆視覺的圖案，是藉此挑戰了視覺恆常性的錯覺藝術大師）的畫作的弔詭世界之中。

在醫院的時候，我注意到眼睛的嬌弱柔軟，故而不禁想著病人一定要克服神經質的反應，才能讓眼睛能接受注射、觸摸或探測。在第二次世界大戰期間，眼科醫師哈羅德・里德利爵士（Sir Harold Ridley）為眼睛嵌入擋風板碎片的飛行員進行檢查，他當下了解到，不同於玻璃，眼睛並不會拒絕壓克力碎片。這個發現使人了解到混濁晶體可以用塑膠晶體加以取代，一個簡單的醫學手術就因此誕生。作家約翰・伯格（John Berger）描述了移除白內障的經驗「足以比擬為一種遺忘的移除……一種視覺的文藝復興。」（註一）不過，伯格並不知道自己忘卻的經驗帶來了某種回報：「某個方向的天空灰濛濛一片，手放鬆時指關節出現了皺摺，一間屋子的遠處有著綠野斜坡——就是這樣的細枝末節再度召喚了為人遺忘的重要意涵。」（註二）儘管療癒這種失明的方式是如此簡單，可是這是有幸接觸外科醫師的人才能獲得的奇蹟。多數的我們都把看得見這件事視為理所當然，而我們對於自己是誰的感知，也幾乎是在不經意之中詭祕地與此緊密相連。失明一開始會讓人覺得彷若喪親之痛或是掉入了怪異的親密陷阱，就像是被迫掉落到一個土牢，而在童年之後才失明的人尤其如此。對於遭逢此事的人來說，他們一定要重新建立自身的意識。

我們當代有一些虛擬的觀看方式；事實上，這種虛擬實境提供了超真實、無實體的景觀的視界，而眼睛可以接受這種幻象。我跟許多人一樣，每天都會瀏覽許多不同的視窗，而有些時候完全看不見真實世界的轉換。對於我現年兩歲的兒子來說，視覺世界頻頻帶來了驚喜。我們兩人一起重新命名了日常的一切：滿月改成了「狼月」；新月則是「故事書月」。透過我還在學步的小寶貝的感知，我正以全新的眼光來觀看這個世界。我想起了只能夠看見事物邊緣的格雷格，而這讓我提醒自己有時要抬頭望一望匆匆移動的雲朵、路上樹葉的紋理，以及仰望著我的一雙眼睛的虹膜的精緻色彩，那是綴點著綠、灰的一片藍，混沌中閃著亮光。

---

1. (Berger, J. 2011:42)
2. 同上：(60)

參考書目：

- Berger, John (2011) *Cataract*, Notting Hill Editions

- Francis, Gavin (2015) *Adventures in Human Being*, Wellcome Collection
- Hull, John (2017) *Notes on Blindness*, Wellcome Collection
- Middleton, Pete & Spinney, James (dir.) (2016) *Notes on Blindness*, Artificial Eye
- Sacks, Oliver (1995) *An Anthropologist on Mars*, Pan MacMillan
- Sheehan, William (2003) 'Venus Spokes: An Explanation at Last?' in *Sky & Telescope: The Essential Guide to Astronomy*, http://www.skyandtelescope.com/astronomy-news/venus-spokes-an-explanation-at-last/accessed 12.12.2017
- The Vision Eye Institute– 'The amazing World War II discovery that led to modern cataract surgery' https://visioneyeinstitute.com.au/eyematters/amazing-worldwar-ii-discovery-led-modern-cataract-surgery/accessed 12.12.2017

血液

Blood

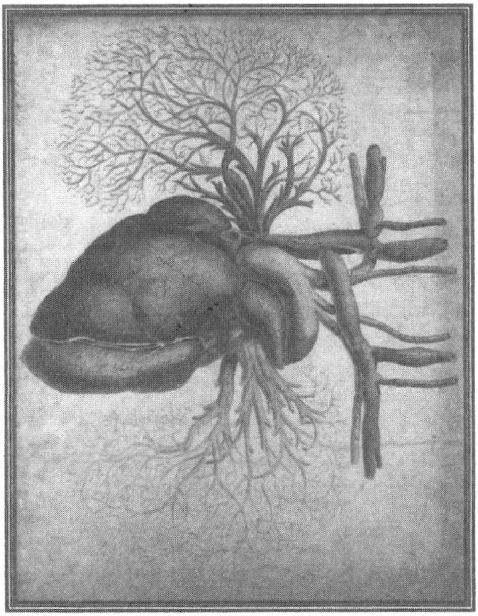

卡優・欽戈尼
Kayo Chingonyi

當我遇見陌生人，比方說是在晚宴的場合上，而且對方問起了我的家庭或童年的時候，我會試探到底自己可以保留多少。特別好的情況是我剛好坐在一個外向且話多的人旁邊，只要我不時發出一些適當的聲音回應，對方就會欣然自行填補空檔。「我聽別人說你是詩人；那一定很困難。我的意思是，寫詩到底可以賺到什麼錢啊？不過，我聽到你出了一本書，做得很不錯，所以你一定是做對了什麼，對嗎？」很有意思的是，我發現交流竟然可以是，有一方一直在說，而你簡直可以不太搭腔，卻還是與某人繼續對話。如果我感覺特別想要調皮一下的話，我會虛構一些事情。惡作劇的訣竅就是要試著不動聲色，只要你可以板著臉說事情，即使是疑心病最重的人一時也會姑且接受。

有些時候，我根本不需要編織故事，有些人會主動臆斷我的生活，而我絕對不會糾正他們。因此，當他們問起我成長的地方，等我回答後，他們就會自己想像我是跟著父母在那裡生活，與其跟他們做進一步的解釋，更簡單的方式則是按照對方自以為是的真實。跟第一次見面的人說話，實在不是與對方分享自己人生中最痛苦的現實的適當時機。然而，當兩個人試著要認識彼此，都努力表現得輕鬆自在的時候，對話中出現的事情卻讓我難以啟齒。如果說實話的話，我真的不知道要如何輕鬆訴說真相。要是有人問起了我的父母親，我不能夠告訴對方：「他們在我小時候就過世了。」或者倒不如說，我是可以告訴對方的，可是真的這麼做的話，馬上會硬生生地將兩人的對話帶往一個必定的方向。因為父母照道理是不應該在孩子還那麼小的時候就過世的，因此與人分享了我的生命中最原初的真相，那意味著引起對方的不自在。「他們是怎麼死的？」是隨後自然而然會出現的問題，可是至少在這個講求克制的國家，至今還沒有人真的這樣問過我，即使他們的表情有時透露了這樣的訊息。面對著是要讓陌生人相信我有過一個自己沒有過過的人生，還是要看著他們臉色改變而努力想知道該說些或做些什麼，我通常是選擇謊言。

我父母是怎麼死的，正是這個問題引領我來到了血液這個主題。如果我是處於樂於交談的情緒，加上有人直接這麼問我：「你的父母是怎麼死的？」我就會仔細衡量自己是否真的能夠實話實說。我可能會說自己的父母親是死於一種「血液疾病」，這樣一來既有提到重點，但是卻寬容地模糊。我極少提到的是，我的父母親都是死於愛滋病毒（HIV）所引發的支氣管肺炎。我也從來不詳細說明他們的死亡是因為愛滋病毒阻礙了白血球的功能，而白血球有助於身體的自我保護。（註一）我也沒有辦法繼續解釋，在我的出生地尚比亞（Zambia），「各個地區的成年人的愛滋病毒的感染比例不同，一般認為大約是介於百分之十二到百分之二十之間。」（註二）我也不會談起尚比亞就是這樣的一個國家，其境內大概有近五十萬的孩童都因為愛滋病毒而失去一位父母或雙親都過世。（註三）我之所以不想談這些不外乎是羞恥的關係，畢竟愛滋病有著極端的汙名，其中多是以極為有問題的方式將之種族化，而且我們對愛滋病毒如此缺乏了解，以至於我不覺得自己能夠說出真相而不引起任何評斷。

或許我對於評斷的恐懼是值得加以挑戰的。或許，比起廣泛的文化讓我們所相信的，人們其實要來得更加寬容。不過，超越這樣的恐懼所涉及的風險卻讓人覺得還是相當高。甚至是對那些跟我最親的人，我都是花了很長一段時間才能告訴他們愛滋病對我的人生歷程所造成的影響。我之所以知道自己的父親是死於愛滋病毒感染，那是因為母親在覺得我的年紀夠大而能夠了解的時候向我解釋了一切。而在我的母親開始生病的時候，我壓根兒沒有想到她也感染了相同的病毒；她從來不曾跟我解釋何以她的體重掉了那麼多，或者是說明她為什麼需要我陪她到醫院去做那麼多的檢測。我現在則理解了，那是她不願接受的狀況。她拒絕了也許可以活下來的治療。她會那麼做是因為羞恥嗎？她已經不在了，不能來回答這個疑問，而我所能臆測的就是在那段必定是她人生痛不欲生的時期的可能感受。然而，如果羞恥是她拒絕協助的部分原因的話，那麼我一定要終結這樣的羞恥。

對於無法在自己臨終之際向我說出口的事情，她就留待我的阿姨和叔叔為我解釋。在我慢慢適應和哀悼一段時間之後，有一天，阿姨把我帶到一旁，她問我會不會很好奇母親是怎麼過世的。她問話的方式其實留了些許餘地，我大可回答「不會」，可是當她問完話，我說自己是好奇的；我確實有一些問題。在我書寫這段往事時，對於阿姨知道把對話延緩到適當時機的能力，我是記憶猶新。她那時以冷靜的神情看著我，那個神情就如同她從前告訴我一個困難真相時的表情一樣：在我過完十三歲的生日沒有多久，她在我上學前坐著跟我說話，她告訴我，就在那天的清晨時分，我母親的肺衰竭了，而醫護人員沒有把她救回來。

當我跟阿姨有了更詳盡的第二次對話之後，我就開始覺得自己一定也有愛滋病毒。愛滋病毒是有可能經由母親的血液傳染給胎兒的，不是嗎？要是我一直沒有接受治療怎麼辦呢？我現在才理解到，我的愛滋病情結無非是我想要逐漸接受發生的一切的首次努力，包括了自己對於父母親死亡的方式的感受，除此之外，還有自己對於許多人知道的尚比亞就只有一件事的感受，那就是要是這些人知道些什麼的話，他們就只知道尚比亞是世界上愛滋病毒感染率最高的國家之一。我很氣憤自己的家庭竟然無法倖免於這樣的統計；不只是我的父母，連他們的朋友、鄰居和親戚也都感染了病毒。我的身體怎麼能夠容下這麼多的恥辱呢？我必須要知道自己是不是也有愛滋病毒，以便消除心中的所有疑問。

就我記憶所及，我一直很害怕針頭。至於我所謂的害怕，那是說只要有針頭的影像出其不意地出現在我的腦海中，我的身體有時就會突然痙攣；至於我所謂的害怕，那是指在我四歲或五歲的時候，當我有一次被帶去讓醫師為我追加注射時，我只看了一眼準備好要與我的身體接觸的針頭，我就拔腿逃跑，跑出了診療室、醫療中心，並且一直跑到路上，跑到有人有辦法追上我才停止；當我站在路口決定自己過馬路是不是聰明之舉的那一刻，我就被捉到了。

當我終於提起勇氣去接受愛滋病毒檢驗的時候，當時的我是個主修英國文學的大學生。我的大學相當盡責地告知學生，學校有提供免費、便利、保密且無需事前預約的性保健服務。某天，我一大清早就自行去了醫學中心，而當我坐在候診室的時候，我試著不要與人四目交接，也不要臆測別人到那裡的原因。我推想著，只要我沒有這麼做，他們也不會對我這麼想。終於有人叫了我的名字，並且引導我進入一個診間，裡面的醫師問了我一些問題。我的性生活是不是很活躍？不是。那我為什麼來這裡看醫師？我為此解釋了一番。這是我第一次跟另外一個人大聲地說著這些話。醫師聽完後告訴我，我受到病毒感染的機會不大，何況我們根本不可能知道我的母親是不是在懷孕期間染上愛滋病毒，而且就算果真如此的話，母嬰垂直感染率（在沒有醫療介入的情況下）約介於百分之十五到百分之四十五。（註四）接著他們就抽了我的血送去檢驗。

在我走路回家的途中，我想著獲知結果可能意味著什麼。我知道醫師是對的，我感染愛滋病毒的機會確實不高，可是要是真的染上的話，我會有何反應呢？我會告訴任何人嗎？我刻意繞遠路回家，等到終於回到房間之後，我靠著牆坐了下來；那是漆著某種白色油漆而且裡頭藏著螞蟻窩的木屑牆。我就倚著有著螞蟻出沒的牆壁等著我的電話鈴響。為了消磨時間，我在腦中想了一遍可能的所有結果，無益地反覆思考著。我不覺得自己有辦法解釋，也就沒有告訴任何人發生了什麼事。我這樣坐在房間裡，很不科學地自個兒研究起了時間及它的相對速度，經過了感覺像是好幾個小時、但是極可能只不過是九十分鐘之後，有人打來電話跟我說明了檢驗的結果。

我沒有感染愛滋病毒。

確認沒有感染之後，我有了不同的想法。接受檢驗是開始談論愛滋病毒如何影響了我的生命的第一步，這個動作開啟了我緊閉的心扉而讓我願意開始與人對話。那已經是距今將近十三年前的事，可是一直等到現在我才開始了解到，我根本不需要為那個被我叫做「血液疾病」的東西感到羞恥；當我放下了自己對它的羞恥感，我的生命的一個重擔儼然就此卸下。確實只有在我真的接受了一切發生的事物，我才能夠實實在在地活在當下；這麼一來，每當有人問起我的父母親，我就可以告訴對方，他們兩人是在大學的時候認識，在那個時候相戀，後來則是在我還小的時候就過世了；我每天回想起來還是會感到有些難過；不過，即使會讓我難過，我依舊活在人世間，因此只要活著一天，我就會試著不讓那份傷痛是我每一天僅有的感覺。

---

1. Terrence Higgins Trust, 'The Immune System and HIV'
2. UNAIDS, 'Zambia HIV and AIDS estimates (2015)'
3. 同上。
4. World Health Organization, 'Mother-to-child transmission'

膽囊

Gall Bladder

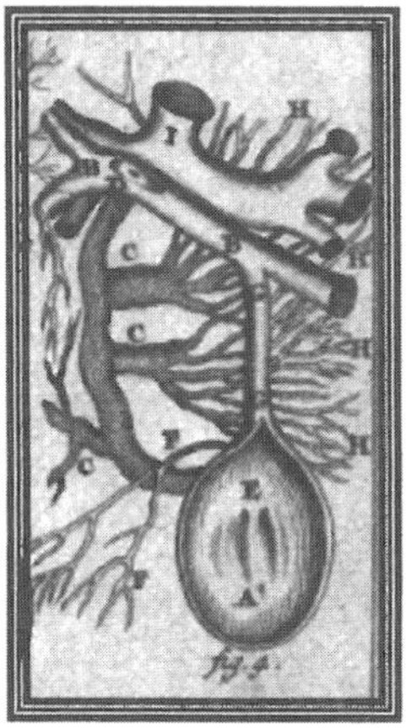

馬克・瑞文希爾
Mark Ravenhill

兩年前在華沙的時候，我在第一晚就感到胸骨下方出現了一股久久不散的巨大壓迫感。我躺在床上不斷換姿勢，或是起身在房間裡面來回走動，還盡可能地試著深呼吸，可是依然好像有著看不見的拳頭壓著我的胸口。我為著疼痛而嘟噥和呻吟，徹夜難眠。我猜想應該是出現了嚴重消化不良的情況。

我隔天需要為一群年輕的波蘭劇作家上課。疼痛後來是消失了，可是我卻只睡了大約四十五分鐘。雖然我的思考和說話因此有些遲鈍，但是我很高興自己不再感到疼痛，並且期待與波蘭劇場的後起之秀在未來一周一起合作。

然而，晚上回到旅館房間之後，回歸的疼痛又如前晚一樣劇烈。整整一周的時間，疼痛就像個不受歡迎的訪客一樣每晚反覆出現；一股深沉持續的擊打，有時可能會緩和幾分鐘，有時甚至我還可以打盹一會兒，只是總是會以同樣無情的堅持力道捲土重來。令人費解，但慶幸白天的時候都不會感到疼痛。但是隨著那個星期一天天過去，我就在一種快要引起幻覺的睡眠剝奪的狀態下上課，並且乾脆也放棄進食，期盼不吃東西就可以沒有消化不良的情形。

在華沙的最後一個早上，浴室鏡子裡有雙黃色的眼珠子回瞪著我。再來，我可以察覺到全身上下的皮膚開始變黃，我的尿液幾乎是棕色，而糞便則接近白堊色。我有黃疸症狀。我很快用Google搜尋了一下，就確信自己需要將自我診斷結果從消化不良升級到某種晚期癌症。一位司機前來我在華沙的旅館接送我到機場，我不禁想著，不知道他有沒有注意到我變得全身泛黃？我仔細地觀察他但無從得知。行車之間，開始飄起了雪來；下的不是半吊子的霙，而是厚實的大塊白雪，等到開抵機場的時候，就變成了暴風雪，大到眼前伸手不見五指的地步。

我隨即衝到辦理登機的櫃台，膽怯地問著（並且想著自己現在可能必須住進華沙的醫院）：「飛機還有沒有可能起飛？」大概聽過英國機場會因為看到一層淺薄的小雪就馬上關閉的事，那位波蘭航空公司的小姐不禁哼了一聲說道：「飛機當然會起飛。」

等到飛機降落到英國希斯洛（Heathrow）機場之後，我馬上叫計程車把我送到醫院的急診室。

「是膽結石。」一位菜鳥醫師對我說。

「所以不是癌症？」

「哦，不是，絕對不是癌症。我們現在把你送到樓上的病房休息，等到明天早上就會開刀把膽結石從胰臟取出。你的手術應該中午左右就結束了。」

「早安，我是你的外科醫師。」隔天有位醫師向我問好。「我會先檢查膽結石，既然我們已經在那裡，也會順道拿掉膽囊。」他說道，「一旦出現結石進到了身體其他地方的情況，代表以後很可能會再發生，不如一起處理掉。」

「拿掉膽囊？我以後還可以正常生活嗎？」

「噢，當然，膽囊是完全沒有用的東西。既然膽囊以後可能是個問題，最好是拿掉一勞永逸。我稍後還會看到你，可是你不會看到我。」

我拿起手機想要用Google查一下「膽汁」和「膽囊」，卻發現手機沒電了。膽囊真的是沒有用的東西嗎？膽汁不是曾經一度公認是很重要的體液嗎？膽汁——我努力回想很久以前上過蒂利亞德（Tillyard）寫的伊莉莎白時期的世界觀的大學課程——膽汁是人體體液之一，不是嗎？是的，確實如此。血液、黏液、膽汁、嗯—還有某個東西，曾經一度公認是人體不斷流動的四種體液，而這四種體液的平衡攸關生理和心理健康。

唉，膽囊的下場真是可悲！不過才在幾個世紀之前，膽囊還是專責抽送人體全身流動的四大體液的其中一種，可是現在卻用短時微創手術就可以抹除，之後我猜想大概就是被拿到醫院後頭的某處焚化銷毀。

為了準備撰寫這篇文章，我前往倫敦大學學院醫院訪問了外科醫師安德魯・傑金森（Andrew Jenkinson）。他安排我進入手術室觀看膽囊切除的手術過程，而當他在手術當天一大早寫了簡訊告知我膽囊手術需要延期進行，我不禁鬆了一口氣；這是因為突然來了一個緊急手術，幾個月前才安裝了束胃帶的一位病人出現了嚴重併發症，由於束胃帶扭曲變形，約一年的時間，她就從過胖變成體重不足的危險狀況，火急地成為開刀名單上的頭號病人，於是當天沒有適合我觀看的手術。

在傑金森要結束當天的工作的時候，我與他在醫院的餐廳見了面。嚼著尼古丁口嚼錠的他問我：「要不要來一顆？」他隨後潦草地畫了一張圖表來向我解釋消化系統的運作，以及膽囊在其中扮演的角色。他首先畫出了人的胃部，提醒我胃在體內的位置其實要高上很多，大約是位於我認定的腹部的上方，這讓我感到很驚訝；接下來就畫了肝臟（沒想到這麼大），而像個洩了氣的小氣球的膽囊就位在肝臟下方。

人體分泌膽汁（gall，或是我們現在的說法bile）是為了分解胃裡的高脂肪食物。膽囊本身並不會分泌膽汁，膽汁其實是來自肝臟，膽囊負責的是類似幫浦的工作。舉例來說，要是吃了超大片的起司披薩，身體就需要立即將膽汁輸送到胃，此時膽囊就要開始發生作用，以便將膽汁送去分解起司。不過，儲藏在膽囊的膽汁可能會結晶而形成膽結石；膽結石累積在膽囊會讓人感到不適，可是一旦跑出膽囊，膽結石就會造成肝臟阻塞，或者是如同我的胰臟阻塞的狀況。這樣一來情況就很棘手了。

因此，比起還有膽囊的我，現在的我是不是比較無法分解脂肪呢？「是有證據顯示，極少數的膽囊切除病人會出現腹瀉的情形，」傑金森對我說，「因為他們的身體不再能像從前那樣有效地分解脂肪，可是這非常少見。」

「那麼人體為什麼有這樣可有可無的器官呢？」我問道。我以為進化就是為了確保人類可以擁有有效率、幾近功利的身體。對此，傑金森跟我說，那是因為人類文明的進展已經遠遠超過人體進化的速度；就消化方面，人類的進化還沒有趕上萬年前開始的農耕生活，我們的消化系統依舊停留在狩獵採集的階段。

傑金森解釋著，狩獵採集時期的人並不像現代人幾乎是不斷地進食，大吃一頓或大餓一場是舊時的一般規則。或許一個星期會宰殺一頭野牛，這表示人類會相當快速地吃進大量的蛋白質和脂肪，膽囊的幫浦作用此時就真的派上了用場。幾天之後可能會來頓水果大餐，可是接下來可能要等上一段時間才需要分解大量脂肪來做為能量儲存。

若是如此，要是醫學果真進步到了按個鈕就能切除膽囊的簡單手術的階段，傑金森會建議每個人都應該切除膽囊嗎？「如果我們能夠保證不會有任何併發症的話，」他說，「我會這麼建議。」

傑金森說得起勁，將桌上那張為我畫的人體消化系統圖拉到了自己這一邊，在膽囊上畫了一個十字標記，並且開始在先前畫好的畫上頭畫東西。「事實上，」他邊畫邊說，「我們其實也不太需要胃。人的胃實在太大了，幾乎不太會填滿。可是我們並不是狩獵採集時期的人，現在的問題是我們可以經常取得食物，以至於我們太常往胃裡塞食物了。」

我在座位上不自在扭動了一下，我知道自己已經符合自稱為中年發福的身材，而醫師很可能會認為是瀕臨肥胖。瘦而結實的傑金森大概與我同年，可是有著游泳或騎自行車的人的身材，顯然是個實踐著自己極力鼓吹的想法的人。他的身體必然沒有過多的卡路里，我沮喪地這麼想著，並且保證自己要立即展開節食和運動的生活。

傑金森把那張紙推給桌子另一頭的我。「就當代食物取得的狀況，我們現在可以規律地吃得少一點，」他說道，「我們大概只需要百分之十的胃容量。」我低頭看著他畫好的那張紙。他用虛線把胃割畫出一個細管，分出多餘的百分之九十的容量。我看向坐在桌子另一頭的傑金森。我可以察覺到他眼裡的興奮之情，並且想像著他那近乎福音般的激動情緒，為的是後工業時代的人類有可能不再需要困在一副前農業時期的身軀，也就是我們可以進行修改和切除，讓自己擁有符合這個時代所需的身體。

科技顯然現在仍處於尚未成熟的階段。傑金森才剛花了當天大部分的時間解決束胃帶所導致的可怕併發症。不過，距離我們可以藉簡單手術切除百分之九十的胃的日子，大概不會太遠。不論是中年發福或瀕臨肥胖，都將不再是個問題。

而且老實說，我並不會懷念我的膽囊。如果有人在我還沒有切除膽囊之前問我的話，我會說身體的每一個部分對我這個人都是必要的。好吧，或許並不包括那些我一直試著要甩掉的身體肥油，畢竟那些是聲稱有權掌控我的天生苗條身體的不受歡迎的外來住民。然而，我依然覺得頭髮是我不可或缺的部分，即使我大約在二十年前就出現了雄性禿。這是一件奇怪的事，而且是會變動的事；要是我就是我的身體，我怎麼會覺得有些是必要的，而某些卻是可有可無的東西。

我的扁桃腺還在，我沒有趕上幾乎是自動切除扁桃腺的年代，對於我上一輩的人來說，那是必經的歷程。出生於一個有名無實的英國國教會的家庭，讓我得以保留了我的包皮。我在不到一歲的時候就割除了闌尾，說真的一點也不會懷念。文化、歷史或機緣都會影響到身體某部分的失去或存留，這讓我理解到，我的身體並非如同自己所想像的一成不變。

從一九五〇年開始，澳洲強制要求南極探險家在出發執行任務前都要割除闌尾，以確保他們不會在沒有外科醫師的地方遭受闌尾炎之苦。雖然不是強制性的措施，俄國、英國、法國、智利和阿根廷的南極探險家也很常施行相似的預防性闌尾切除術。

在二〇一二年的時候，《加拿大外科醫學期刊》（*Canadian Journal of Surgery*）刊登了由一個外科醫師團隊共同執筆的文章。當在月球建立殖民地以及載人登陸的火星任務不再只是科幻小說的情節，太空計畫規畫的行程現在已經變得越來越長，太空人是不是也應該在飛離地球大氣層之前就進行預防性的外科手術呢？換句話說：為了避免遠在外太空的時候出現醫療併發症，太空人應不應該事先切除任何人體不必要的部分呢？誠如預期，這群加拿大外科醫師在報告中謹慎地歸結：

> 由於巨大潛在風險的後果是任務失敗和（或）人員喪生……任務成員應該考慮對健康闌尾進行預防性外科移除手術。這可能也適用於健康的膽囊……若是出現膽結石顯然會帶來極大的威脅……在延長的太空飛行期間，相較於治療急性闌尾炎或膽囊炎所需的後勤補給工作，簡單安全的預防手術有明顯的益處。

因此，綜合考量之後，為了以防萬一，太空人最好能夠事先切除闌尾和膽囊。不久的將來，這會不會成為給予所有人的標準建議呢？

最近，我與在美國的一位女性朋友聊了一下；她正在考慮是否要接受預防性的雙側乳房切除手術。她並沒有乳癌的任何徵兆，可是一想到家族有乳癌史，年過五十的她覺得沒有乳房會比較好。她的幾位女性朋友都已經做了相同的手術。我點頭表達支持她的決定，忍住了自己的直覺反應而沒有對她說出：難道妳的胸部不是妳自己、身為女人和美麗的重要部分嗎？妳真的可以就這樣割掉沒有癌症的乳房？「乳房現在對我一點用處也沒有，」她帶著一抹悲傷微笑地說著，「或許為了安全起見就乾脆割掉吧！」

由於膽囊或闌尾對我們早已失去象徵或文化的重要性，因此決定要捨棄它們就相對容易些。然而，隨著醫學科技越來越精密，我們必將面對一些困難的問題。到底在醫學上、心理上和情緒上不可或缺的是我們的哪些部分？我是我的身體嗎？可是又有多少部分是我想要或需要的呢？

腸子

Bowel

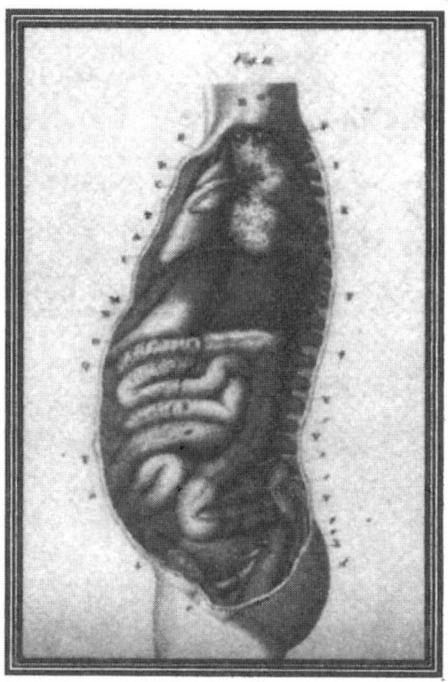

威廉・范恩斯
William Fiennes

我十八歲的時候，開始出現了疼痛：抽筋到像是有人在扭轉腸子、噴灑的血液濺滿馬桶，以及腹瀉十次或十二次後所帶來的虛弱感。我覺得彷彿鬼魅般地全身是孔，就像是觸鬚動物般，好像所有固態的東西都可以直接穿過我的身體。小時候的我以為生病都是暫時休息，大不了就是在床上躺上幾天，喝著母親拌入葡萄糖粉末的新鮮柳橙汁，讓房間裡充滿著水壺燒出的蒸氣，等到康復之後即可回到在外面等待著的世界。但是，那一次的情況卻充滿了全新的經驗和措辭：我的肚子被醫師用硬式乙狀結腸鏡灌氣而漲得像顆氣球，鼻子和喉嚨插入了塑膠管通至胃部和迴腸，好幾公升的鋇劑稠乳讓香腸般的腸子在X光中顯像，抽血師固定止血帶並用戴著乳膠指套的手指加壓靜脈留下了咒語般的「尖銳抓痕」、點滴架的陪伴、手術前嚐到的短暫金屬味；導管和內腔鏡；結腸脾曲和直腸瓣；潰瘍、肉芽腫和克隆氏症（Crohn's disease）。

有一些東西是只有在出錯時我們才會想起它們的存在，如風扇皮帶、複式鍋爐以及腸子。生病前，我必然有想像過位於肚臍後方的那團黏狀糊團，可是腸胃科醫師現在把一條二十呎長的管子從我的嘴巴貫穿到肛門，可以說兩頭都通了氣和見了光；這是一條巧妙的管道工程，整合了食道、胃、小腸、迴腸、結腸和直腸，含有比脊椎還要多的一億個神經細胞或神經元，而且還包括了全身百分之九十五的血清素。我尤其可以開始感受到橫跨腹部的結腸或「大腸子」的形貌分布：上升的乙狀結腸和下降的結腸，以及脾臟和肝臟附近的彎曲（素稱為結腸脾曲和結腸肝曲）；在健康的時候，這個葫蘆狀的美妙部位每天可以吸收十公升的液體（水、唾液、胃酸、膽道分泌、胰液）；結腸鏡的探照燈有個微小的活動眼，在其黑暗彎曲通道所拍攝的影像中，我的情形卻是變成潰瘍、發炎和結痂組織的混亂發紅的生物景觀。

這是有夠奇怪的有利觀察方式，而我很快就可以從全新的角度來看自己的腸子，不只是親眼看到而已，而是真的就在手邊或手的下方觀看；外科醫師在我右側髖部上方開了一個洞，從中拉出一圈腸子，並將腸子切開，這麼一來未完全消化的食物漿液（俗稱食糜）就可以直接從我的正面身體流入一只袋子。當我醒來之後，我可以聽見心臟監護儀沿著病房傳來的嗶嗶聲；有時候，嗶嗶聲會變得比較大聲而引人擔憂，結果卻是護士在使用微波爐加熱即食餐。我想要看一下自己的結腸造口，看一下從我的髖部上方探出的腸子開口；我想要見它，看看這個我生命中的新事物，可是它卻已經出現一種自主性格，彷彿根本不是我的一部分。早上的時候，一位護士拉上了圍著病床的布簾，並掀起了被單；我往下看著沾滿血液和淡黃色泡沫的小透明塑膠袋，裡頭有著一團或一球像是橡膠或舌頭般的濕軟肉紅色的人體組織。那位護士看到了被嚇到的我，於是試著安撫我；她告訴我腸子沒有神經，並不會產生痛覺，因此就算她放入手指，我也不會有任何感覺。在麻醉劑造成的夢幻之間，我想像著她先是插入手指，然後是整隻手到手腕的部分都伸進了傷口，一直到她可以握拳抓著我的闌尾或脾臟並將之拉出我的身體；可是並沒有血跡暗示發生了任何不尋常的事情。

當然，人幾乎對什麼事物都是會習慣的，即使帶著一個綠色的塑膠公事包回家似乎是一件怪異的事。公事包裝滿了用具：康樂保（Coloplast）、康復寶（ConvaTec）和丹薩可（Dansac）等不同品牌的造口袋、像是留著長髮的小女孩可能會用的小髮夾般的備用塑膠夾、仙女牌（Peri-Prep）無菌拭片、用來在法蘭底板剪洞的特製彎曲剪刀。我很快就養成了一套例行公事：跪在馬桶旁把袋子清空、清洗和弄乾、把所有髒的小東西塞入類似用來裝尿布或狗屎的防臭大塑膠袋、接著再把乾淨的器具裝上結腸造口、加壓法蘭底板來暖化黏著劑、固定塑膠夾來合上開口。我從來不曾想過這些會是這麼有趣：密切注意這些內部奇怪的活動；身體正面繫著的袋子感覺像是一個裝滿廢水的毛皮袋，其內容物可能黏稠如粥，或是稀薄如果汁，或是混著生菜絲或豆子而上下晃動的濃菜湯；有了這樣的一個窗口觀看自己隱藏的基本內部處理程序；了解到整個晚上竟會排出這麼多的腸氣（或是腸胃脹氣，這是造口病人都會學到的稱呼），以至於我的袋子到了早上會膨脹地像個拉扯著黏膠的小飛艇，可以在洗澡的時候當作我的浮力輔助裝置，一拉就讓我的髖部浮在水面上了。

我對結腸造口本身也深深著迷；結腸造口的英文「stoma」的希臘字源是開口的意思，而這個位於我的右側髖部上方的粉紅色橡皮乳頭有時會鬆弛而變長，就像是我的第二個陽具般地懸掛在我的腹部。有一次，在更換袋子的擺動之中，我學習到自己的結腸造口有著喜怒哀樂，可以說是個性善變：有時候，它會皺縮成如乳頭大小的小肉芽並緊緊依附著我的皮膚；有時候，它會鬆弛延展而變得生氣勃勃地試探著身體之外的廣闊空間。這讓我想起了從礁岩洞穴探出頭的鰻魚，或者是電影《異形》（*Alien*）中的太空異形生物從約翰・赫特（John Hurt）的胃裡衝出來查看餐室的場景。根據我近來的進食方式和放鬆狀態，結腸造口會隨之運作而把食糜推擠或緩慢流動至馬桶中，我因而有時候會不禁驚恐讚歎，原來自己竟然可以像這樣看著自己的體內運作，其中肌層以紐絞的動作擠壓出液體，以及肌肉收縮的蠕動波推移糞流通過腸子，而這一切都是透過自主性的神經支配而在意識之下發生，就像是心臟的跳動一樣……

是的，確實是令人著迷，可是卻也讓人作嘔。袋子有時會在夜晚脫落，我則會因為肚子到處沾滿了自己排泄的暖濕發臭物而醒來。有些時候，我會對著鏡子瞧著這個人工裝飾物，一個粉紅色的腸肉球就這麼縫在身體側邊，而我必須天天帶著這個裝著肥水的袋子。我幻想了一個神話：人要是犯下了某種越軌行為或罪刑，眾神可是會強行把他的羞辱裝入袋子，之後縫到他的腹部或側邊以便隨身攜帶當作懲罰。我以為自己的結腸造口及其隨身用具完全打消了自身的肉慾，是個不讓我擁有情色生活的標記；我無法想像在他人面前褪去衣物而露出這個藏在襯衫下的可恥東西；我也無法想像自己與人擁抱或貼身跳舞，而對方可能會察覺到衣服內這個在我髖部上方的橡膠肉球、塑膠夾，以及懸吊著的泥團。我夢見一個從未見過的女子跪在我的面前，我沒有穿戴袋子，而我的結腸造口潔淨且暴露在外；夢中的女子向前親吻了我的結腸造口；為著這個親密的舉動，我幾乎是喘不過氣地從夢中醒來。她可能是親吻著我的肝臟或心臟瓣膜，按理說那是沒有人可以觸碰到的部位，不過，脆弱柔軟的腸子和舌頭愉悅地碰觸彼此，這樣的黏膜組織觸碰有著一種觸覺上的邏輯。

有時候，我會審視著人群，想像其中是不是有像我一樣的人，這些造口病人是不是也藏匿著仙女牌拭片和腸胃脹氣碳過濾閥，以及或許是比較新式且有著特百惠（Tupperware）夾式接口的兩件式裝置。雖然我們無法認出彼此，可是我們同屬於一個祕密會社，占有一個大多數人終生無法親觸的器官；我們這些人會跪在馬桶前清空自己；我們知道糞便在夜間從肚臍向上排出是怎麼一回事；我們也都了解站著沖澡而沒有袋子沾黏皮膚的良好感覺，熱水會流過住在身體側邊的粉紅色軟蟲，而升起一股水沖刷身體內部的感受。此外，我想了將要縫合腸道裂口的時刻，我的腸管會被塞回原先的體腔位置，如此一來，我的身體內部會再度隱藏起來，讓我不再是在外面賣弄著管子的一座人體龐畢度中心（Pompidou Centre）；我會再度完整，而這是天生本該如此，我的身體會回復成原來的我。我又可以再次正常生活。

我並不知道器官會脫垂，就是為什麼有些造口病人的腸子可能會從身體正面掉出來，像是由裡向外翻的袖子一樣；因此，當我有天下午發現自己的結腸造口比平常來得長的時候，我大吃一驚；事實上，當我把袋子拉離自己的身體時，我發現根本拉也拉不完，只見到造口如同是一條隨著塑膠袋子盤捲而起的長條粉紅色軟管。我趕緊把袋子放低，緊握住靠在腹部來回擺動的腸子，大約是六吋到七吋長，腦袋裡則想著它可能會越掉越多，感覺自己的身體要鬆開了，就像個內部被掏空的玩偶一樣。我聽過早期各式結腸造口原型的故事，幾百年前的士兵發現自己的腹部被火槍子彈扯開而雙手捧住掉出來的腸子。我曾經看過關於聖伊拉斯謨（St Erasmus）的繪畫，畫中的羅馬迫害者會使用一種錨機把他的腸子從腹部洞口絞拉出來，因此那個男人和裝置之間看似相連著一條緊繃的臍帶。我後來夢見自己的腸子從體內滑落到濾鍋中，濕滑且溫熱，像是煮好的義大利通心粉一樣。不久之後，穿著綠色連身服的護理人員丹（Dawn）要我在床上躺好，她看了一下就開始用戴著手套的雙手把我的腸子引導回體內。腸子都滑送回到體內，甚至沒有露出突出的小肉乳，而只剩下如同鯨魚的噴水孔般與我的皮膚齊平的開口；可是這竟然完全沒有疼痛感，就是讓人感到說不出來的不對勁；這個肉體的秩序和形式的混亂狀態的發生竟然沒有顯示危險的任何疼痛，就好像人體的進化完全沒有為這樣的事件發展出一套規程一般。

現在回想起來，這彷佛已經是好久以前的事，就在我二十歲出頭的時候，有兩年的時間讓我體會到自己的腸子並不只是一個抽象的概念。當外科醫師縫合了那個小小的開口，並且把它塞入擁擠的腹腔，幾天之後，我站在鏡子前扒開自己的衣服看著不再有開孔的身軀；我幾乎是喘不過氣地看著，彷彿自己是被重新組合完成而再度變得完整。我沒有想到自己有時會懷念起那個開口、袋子握在手裡的重量、有著意外的甜味的食糜、使用彎曲造口剪刀在袋子的法蘭底板剪出一個特定洞口的手工藝樂趣、而且結腸造口竟像隻有著無法預測的狀況和情緒的稀有寵物：起著皺摺的小肉乳、鬆弛的下懸物、探詢地向世界延伸的小蠕蟲。我往下看著髖部上方的疤痕，我不禁想著它就在我的皮膚之下的溫暖紅色巢穴中好好地活著。

腎臟

Kidney

安妮・佛洛伊德
Annie Freud

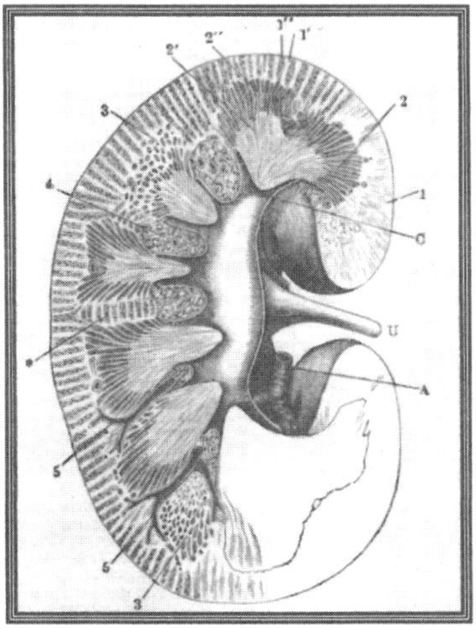

除了曾經解剖過一隻老鼠、讀過少數的文學相關書籍，以及有位女士從腎形梳妝台向我的父親丟擲一把梳子的模糊童年記憶之外，我對真實的腎臟並沒有太多想法。因此，為了這篇文章，我所做的第一件事就是到肉店買了一些羔羊腎臟。

買回家後，我感到訝異的不只是羔羊腎臟的柔軟，還包括其鬆垮的程度，簡直像是僅只由輕薄細緻的薄膜包起來的一團液狀物質。怎麼一個如此複雜的東西竟顯得這樣軟弱無力？它幾乎沒有任何表面張力，只有相當鋒利的刀刃才能夠將之切開，而且內部物質看起來非常相似也著實讓我吃驚。

搭配豆子和煮馬鈴薯吃完了美味的牛排腰子派之後，我把剩下的兩顆腎臟放在盤子裡，希望這種靜物的呈現足以邀請觀者欣賞死亡肉品的解剖事實和美學特質；一個完整的腎臟展示，另一個則是對半切開。放好後，我就開始作畫。

我發現自己使用了最濃重的栗色、最精緻的粉紅色和最深沉的暗紅色。我不知道這幅畫的目的是什麼，實在想不出答案，倒是想起了柴姆．蘇丁（Chaim Soutine）和法蘭西斯．培根（Francis Bacon）的畫作，達文西和米開朗基羅的解剖圖，以及描繪屠宰肉的繪畫所依附的意義。我回想起，曾經在現代主義建築師和設計師的作品中看過腎臟的流暢線條。建築師恩斯特．佛洛伊德（Ernst Freud）是我德國猶太裔的祖父，他喜歡在庭園設計中加入狀如腎臟的魚池。儘管我覺得自己依然缺乏知識，但是我已經處理過、切割過、調味過、烹煮過、吃過、注視過和畫過腎臟。

我問了一些傑出的腎臟專家以便找出更多資訊。當他們說著腎臟並讚頌它的勤奮、複雜度和多功能的時候，我無法不注意到他們表達出的讚賞，甚至是熱情；他們會使用「精細微調」和「準確剪裁」等字眼，並會不停地提供給我一些讓人驚嘆的統計數字，像是「每次心跳所抽打出的血液中，有百分之二十五是送到腎臟」，以及「全部三公升的人體血漿會由腎臟每天過濾四十三次」。

我的鄰居和朋友馬庫斯．索爾迪尼（Marcus Soldini）是個行醫約二十五年的家庭醫師，他要我想像每一顆腎臟是由兩棵各自獨立的樹所構成，一邊是血液供給，另一邊是排解系統，而兩者的最外層細枝則是緊密交纏在一塊。「想像一下這樣的畫面，」他說著，「血液進入了動脈幹，而動脈幹會細分、再細分成更細的分支，每個分支的尾端都有一團毛細血叢，也就是為人所知的腎絲球，而每一顆腎臟大約有一百萬個腎絲球。」他用手勢向我比畫解釋每一個腎絲球是如何被排解系統最外層的細枝所環抱，並在此形成所謂的鮑氏囊的杯狀囊結構，就像是包裹在觳斗中的橡實一樣牢牢地嵌在囊中。他特別強調地說道：「這整個單位叫做腎元，裡面的隔膜是人體和外在世界之間的交界，不可或缺的過濾程序就發生在這裡。」當我說這是所謂的「晴天霹靂」的時刻，我很確定讀者們都會了解我的意思是什麼，而且就是在這樣的時刻，夾雜著某些片段知識的術語反倒讓人覺得像是詩篇的傳達。

當然，並非只有如此。「糖尿病」（diabetes mellitus）這個醫學名詞指的是引起尿液出現異常的高血糖濃度等病徵，而該名詞的拉丁文從字面上翻譯是「甜噴泉」（sweet fountain），而腎臟在極度脫水狀態所生產出來的超濃度尿液液量則稱為「強制尿量」。我為此立即警覺到詩人必然熟悉的一種有些可恥的騷動的突擊，使得就算是牽強的嘗試，幾乎所有用詞突然間充滿著令人無法抗拒的華麗，而且在任何人得到之前，必然要不計代價地將之獨占。

我同樣對馬庫斯的這個描述深深著迷：尿液的旅程是先經由排解管道引至腎盂，接著再由稱為輸尿管的一條纖細肉管，以蠕動波的推擠方式緩慢地滴入膀胱。

關於書寫腎臟，我的直覺反應是寫烹調的喜悅。我記得是個陰暗的暴風雨午後，時間就在即將於多塞特郡（Dorset）度過第一個聖誕節之前，手裡拿著一堆袋子而且全身濕透的我感到異常飢餓，就在那時，我看到位於布里德波特鎮（Bridport）中心的丁字路口的一家小酒吧流洩著招攬客人的燈光。店裡的菜單上有著標價為四點九五英鎊一道的腰子吐司。想起我那天吃的那道菜的美好滋味，我不禁想到伊莉莎白・大衛（Elizabeth David）的一道食譜：

火炒腰子（Rognons Flambés）

一個豬腰子（一人份）

鹽

杜松子

黑胡椒粉

第戎芥末醬

鮮奶油

白蘭地

奶油

剝去豬腰子外皮並將之切半。以溫鹽水浸泡半小時之後，利用十字切法把豬腰子切塊，接著就以黑胡椒粉和些許鹽巴加以調味。

用一個淺鍋加熱少許奶油，放入豬腰子塊之後很快煎炒，要加以翻動，不要讓豬腰子塊炒到捲曲。五分鐘之後，加入三顆到四顆壓碎的杜松子，淋上一小杯白蘭地並使之起火，要搖一搖淺鍋來讓火焰擴散。火熄滅之後，就可以拌入混合了兩小匙第戎芥末醬和四大匙濃鮮奶油的醬汁，立即起鍋享用。

我發現自己在詹姆斯．喬伊斯（James Joyce）的《尤利西斯》（*Ulysses*）的帶領之下回到了更久遠的時光，這一次是書中人物利奧波德．布盧姆（Leopold Bloom）的廚房；布盧姆「喜歡濃稠的雜碎湯、有咬勁的胗、填料後火烤的心、裹著麵包屑煎炒的肝片、炸雌鱈卵、……烤羊腰子有著淡淡的尿騷味，微妙地刺激他的味覺」。我可以聞到這些食物在炒鍋裡燒煮的味道，並且看到布盧姆「有如老饕般咀嚼著可口的嫩肉」。

重新閱讀著那些文字，並且享受它們對猶太戒律儀式的反動褻瀆，我也同時意識到某種聰明的新類型餐廳提供動物內臟的當今時尚，就如同主廚作家佛格斯・韓德森（Fergus Henderson）創造出的「從鼻子吃到尾巴」（nose to tail eating）的說法。

單一的品嚐、獨自的經驗、私密的肉慾……

儘管無法準確地追溯其字源，腎臟的英文「kidney」是源自十四世紀的「kidnere」，其已經證實是意思為子宮的「cwid」和意思為蛋的「ey」這兩個古英文字的合成，也就是「子宮－蛋」，其涵義可說是相當明顯！相較於心，胃或甚至是肝臟都是占據著比腎臟更為中心的人體位置，而且都有著無數的隱喻用途，（不論是人類或動物的）腎臟則很少出現於歷史或文學之中，而且似乎呈現出某些相當單一的聯想。

中古世紀時，你可能會聽到「某人是我的（或他的）腎臟」（a man of my [or his] kidney）的說法；這是因為在那個年代，大家認為人的性情是受其體液所支配，因而認為腎臟是感情的中心。正因如此，「某人是我的腎臟」意指一個人的氣質和性情跟說這句話的人很相近。莎士比亞的《溫莎的風流娘兒們》（*Merry Wives of Windsor*）的法斯塔夫爵士（Falstaff），以及T．S．艾略特（T. S. Eliot）的詩作〈一顆煮蛋〉（*A Cooking Egg*）中的說話人都說了這句話，顯示了使用這句話也暗示了關於過度重視個人地位的一種滑稽感。

在安娜．德克洛（In Anne Desclos）的《O孃的故事》（*Histoire d'O*）中，這本一九五〇年代惡名昭彰的虐戀小說不斷地重複使用「les reins」這個詞，儘管其字面上的意思是腎臟，但是小說的用法卻是帶著令人恐懼的模糊涵義，選定「the loins」來做為女性性器官的委婉用語，這暗示了最內在的也是最脆弱的。我們也可以在波特萊爾（Baudelaire）和藍波（Rimbaud）的詩裡看到「les reins」的使用；這兩個詩人幾乎是相互較勁要看看誰最擅長對於（女性）真實肉體進行淫穢描述。塞吉．甘斯柏（Serge Gainsbourg）和珍．柏金

（Jane Birkin）一起合唱了《我愛你，我不愛你》（*Je t'aime ... moi non plus*），其中副歌的歌詞是「Je vais et je viens enter tes reins」（我在妳的下身來來回回）。

歌詞提到腎臟的流行歌曲的數目也相當驚人，包括了艾爾．賈諾（Al Jarreau）、T-Bone Walker、保羅．威勒（Paul Weller）、馬莉安．菲絲佛（Marianne Faithful）、碧玉（Bjork）、馬克．史密斯（Mark E. Smith）、嗆辣紅椒合唱團（Red Hot Chili Peppers）、Jay-Z和阿姆（Eminem）等等，這些歌手和團體都認為值得把腎臟放到歌詞裡面。我在這裡要特別一提的是法蘭克．扎帕的超棒歌曲〈*Pygmy Twylyte*〉：

便便房裡的
臭氣
讓水晶眼聞到飽了，而水晶眼

有顆水晶腎臟，他很怕就這麼
死在pygmy twylyte。

《舊約聖經》提及腎臟超過三十次以上或許沒有什麼稀奇，但是若是同時知道書中連一次都沒有提到大腦的話，那就不同了。根據韋伯斯特（Webster）的《聖經重要語彙索引》（*Concordance with the Bible*），腎臟之所以在聖經裡如此重要，部分的原因是因為人們認為包圍腎臟的脂肪極度純潔。正因為是如此地純潔，腎臟就成為火祭動物活動中至尊無上的知名用詞，故而最好是保留給神，並且被視為神聖的象徵。

腎臟的所在位置尤其讓人難以接近；屠夫切開動物之後，腎臟是最後才能觸碰到的器官。腎臟想當然耳地成為人類內在最深處的象徵性認同，在《約伯記》（*Book of Job*）中，「把腎臟劈得四分五裂」即是造成個人的徹底毀滅。由於隱藏的位置和獻祭的用途，一般認為腎臟是最內在的道德和情緒衝動的所在之處。腎臟（kidneys，或reins）因而會「下達指示」，一旦「被刺戳」就會引起折磨和欣喜，因而象徵著個人的良知。由於「認識」或「試探腎臟」是神的重要力量，這也表示著祂完全了解每一個人。

我知道自己終究必須寫點有關腎臟疾病的東西。我很感激雨果．威廉斯（Hugo Williams）授權我在此囊括他所寫的一首動人且充滿勇氣的詩作；他在詩裡描述了自己罹患糖尿病的真實痛苦經驗：

透析的真實（Diality）

記憶的震驚，
只是暫且遺忘，
但是並非是好轉了，
不過是一種假健康，
就像是藥物成癮一樣。

對於累積在你的系統的水分，
提高你的血壓，
讓你的身體腫脹，
它施展了一種脫乾的伎倆。
它過濾了髒東西
讓你感覺乾淨一兩天，
用的是掛在你的機器旁
充滿著粉紅色細沙的
透明導管的一種手段。
你的腎臟很喜歡
不用再工作的想法
並且慢慢停擺，
讓你變得需要幫忙。
你就停止排尿。

透析對你來說很糟。
一直到最後，大多數的時間
你都覺得很糟。
記憶的震驚，
只是暫且遺忘。

寫到最後，我終於了解到，我選擇寫腎臟最充分的原因其實是跟我的先生戴夫（Dave）有關。幾年前，他的腎臟長了惡性腫瘤，後來接受了微創手術而治癒。幸運的是，那個腫瘤並不是長在靠近其他器官的地方，並且受到相當的控制。那真是個很難受的一年，我還記得我們在會診醫師的電腦螢幕看手術前後的影像，看完之後，我們都鬆了一口氣，我的先生對手術的圓滿結果也相當高興。正因如此，不只是對於我先生的腎臟，而且因為花了不算短的時間來思考這些美好的小器官，我對所有的腎臟都懷抱著一種特殊的情感。

大腦

Brain

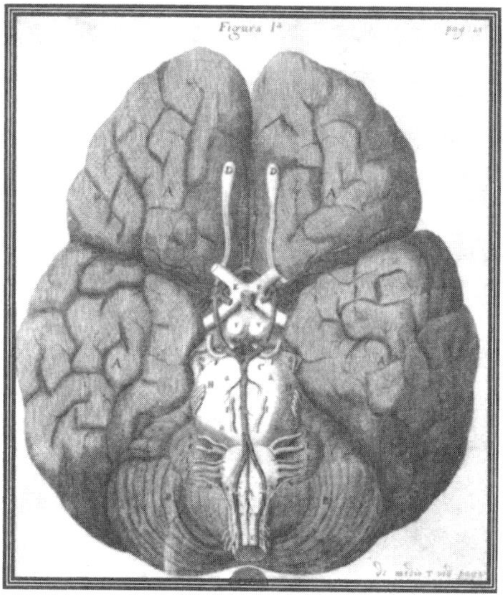

菲力普・克爾
Philip Kerr

美國電視影集《絕命毒師》（*Breaking Bad*）的主人翁是華特・懷特（Walter White），他是個身無分文且罹患肺癌的中年高中化學老師，他與以前的學生傑西・品克曼（Jesse Pinkman）一起投入了生產結晶甲基安非他命的罪犯生涯，希望生前販毒的大筆錢財能夠做為死後安家之用。該電視影集製作人文斯・吉利根（Vince Gilligan）曾經簡單地說過，這個五季的電視影集就是把奇普斯先生（Mr. Chips，譯註：英國小說家詹姆士・希爾頓〔James Hilton〕的作品及其改編電影《萬世師表》〔*Goodbye, Mr. Chips*〕的主角）變成疤面煞星（Scarface，譯註：美國同名犯罪電影毒梟主角的暱稱）。

腦葉切斷術（lobotomy）曾經是醫學手術中的疤面煞星；過程會切開人的大腦，切除或刮掉腦葉以便達到治療精神失調的病徵的目的，有些時候會損害人的個性和智能。

至於寫這篇文章的個人目的，我想要向你們描述把這個疤面煞星變成奇普斯先生的手術。我希望可以說服你們，這個曾經惡名昭彰的醫學手術現在已經值得信賴，而足以為許多遭受顳葉癲癇之苦的人帶來希望；此外，我也想恢復「lobotomised」（接受腦葉切斷術）這個英文字本有的姿態，使其不再是用來形容一個人不夠聰明，或是受到神經外科介入治療而變成植物人的貶抑之詞。

不過，如同華特・懷特大概會說：「傑西，我們可不要操之過急。」我們需要從疤面煞星開始談起。

第一起的腦葉切斷術發生於一九三五年，同時也稱為腦葉切除術（lobectomy，譯註：兩者的差異主要在於，一個是前額葉的部分，另一個是整個腦葉），是由葡萄牙神經科學家安東尼奥・埃加斯・莫尼茲（António Egas Moniz）主持進行。對於一個拿著冰鑿從眼睛後方敲入並像切雞屁股般地切掉人的些許大腦的手術，許多人可能會心生納悶，這種東西怎麼可能一度蔚為風潮；不過，這個手術的使用在一九四〇年代初期開始急劇增加，到了一九五一年的時候，單就美國而言，腦葉切斷術就執行了接近兩萬宗。埃加斯・莫尼茲甚至在一九四九年得到了諾貝爾醫學獎，原因正是他發現了「腦葉切斷術對於某些精神病的治療價值」。然而，這個手術始終備受爭議，而且有一些受害者。隨著一九五〇年代中期開始採用抗精神病的藥物治療方式之後，腦葉切斷術隨即近乎完全棄置不用。在這篇文章的第一部分，我所關注的正是這些粗陋的早期腦葉切斷術。

我相信你們都熟知約翰·甘迺迪（J. F. Kennedy），以及李·哈維·奧斯華（Lee Harvey Oswald，譯註：一般認為此人是甘迺迪暗殺案的頭號嫌犯）對他的頭部造成的傷害。然而，你們可能不知道，甘迺迪的妹妹蘿絲瑪莉（Rosemary）是早期接受腦葉切斷術的病人之一，時間是一九四一年，當時的她只有二十三歲。她或許不是學校裡最聰明的學生，可是她的日記顯示了她是一個思考周密且觀察敏銳的年輕女子，在由當代最有野心和最無情的大家長約瑟夫·甘迺迪（Joseph Kennedy）所掌控的大家族中，她正在力爭上游。由於蘿絲瑪莉有主見且叛逆，醫師們就說服了他的父親可以採用一種尚在實驗階段的新手術，藉此控制固執女兒波動無常的情緒和變化莫測的行為。然而，他並沒有諮詢太太的意見，看來她似乎不太可能同意這件事。我們至少可以說，整個手術的經過實在駭人。

醫院只讓蘿絲瑪莉服用了一劑溫和的鎮靜劑。詹姆士．瓦茲醫師（Dr James Watts）從頭殼往大腦上劃下了外科手術切口，他們用來切除一小塊大腦的器具看起來像是一把奶油刀。在瓦茲醫師進行切除時，華特．費里曼醫師（Walter Freeman）則問蘿絲瑪莉一些問題，他要她背誦《主禱文》（*Lord's Prayer*），而另外兩位醫師則幫忙粗略估算要切除多少大腦；令人匪夷所思的是，他們依據的並不是腦部的電氣活動，而是蘿絲瑪莉對問題的回應。情況就有點類似艾薩克．牛頓（Isaac Newton）用一支光禿的粗針就要觀察自己眼球底部一樣：我們只能說這是莽撞的行為。當蘿絲瑪莉開始背得顛三倒四之後，醫師就停止了手術。動完腦葉切斷術之後，大家很快就發現這次的手術無疑是個大災難。蘿絲瑪莉的心智能力退化成如同兩歲大的小孩，她馬上被送入精神病院，終其一生都無法言語或走路，而且伴隨著失禁症狀。約瑟夫・甘迺迪後來不曾再見過這個女兒一面。至於蘿絲瑪莉的兄弟姊妹，則要等到二十年之後才知道了這個姊妹為何從家族消失的真相。

我跟許多人一樣，對腦葉切斷術的認識是來自文學和電影。田納西・威廉斯（Tennessee Williams）的姊姊也叫蘿絲，也接受了腦葉切斷手術而終身失能。這位偉大的劇作家在其劇作《夏日癡魂》（*Suddenly Last Summer*）批評了這種手術，在劇中，這樣的手術則是讓同性戀者得以「道德健全」的手段。不過，真正讓這個手術的惡名以最大力道傳播出去的，應該是肯・克西（Ken Kesey）一九六二年的小說《飛越杜鵑窩》（*One Flew Over the Cuckoo's Nest*），該小說更於一九七五年被改編成由傑克・尼克遜（Jack Nicholson）主演的同名電影。這個故事的英雄是勇猛、叛逆和充滿魅力的藍道・P・麥墨菲（Randle P. McMurphy），由於他攻擊了奧瑞岡（Oregon）州立精神病院專橫的護士長，後來被迫接受腦葉切斷術。整個故事的敘述者「酋長」波登（Chief Bromden）描述了手術的悲慘結果：「一直張著眼睛，裡頭的腫脹已經消退得差不多了；眼睛就這麼瞪著刺眼的月光，闔不上也進不了夢鄉，由於張開了這麼久且無法眨眼而眼神呆滯，看來就像是保險絲盒裡燒掉的保險絲一樣。」另一個病人是這樣形容麥墨菲：「那張臉面無表情，就像是商店裡的假人……」我依然清楚地記得，電影裡的酋長溫柔地抱起麥墨菲仰臥的身體的那個時刻，他看著朋友的空洞臉龐才驚恐地意識到：雖然燈是亮著，但是沒有人在家。這可以說是現代電影史中最令人震驚的時刻之一。幾乎同樣讓人不安的電影畫面則是出現在一九六八年的經典科幻電影《浩劫餘生》（*Planet of the Apes*），查爾頓．赫斯頓（Charlton Heston）所飾演的太空人泰勒（Taylor）發現未來的猩球科學家已經為同行的團隊成員施行了腦葉切斷手術。

關於腦葉切斷術的背景說明如下：費里曼醫師和莫尼茲醫師是這

個手術的先驅，他們之所以會進行這個費里曼自己描述為「手術誘發的童年」的手術，就是試圖利用這個手術來治癒思覺失調症、慢性頭痛、偏頭痛、產後憂鬱、躁鬱症以及輕度行為障礙等疾病。費里曼醫師曾經在一天之內就進行了令人瞠目結舌的二十五起腦葉切斷手術，因此許多接受手術的人都下場不佳也就不足為奇了。有個名叫霍華德・杜利（Howard Dully）的小男孩是因為不討母親歡心而被迫接受手術；二次大戰之後，好幾千位返家後出現創傷後壓力症候群的美國士兵都接受了腦葉切斷手術。執行手術的醫師都認為，除了手術使人身亡之外，病人的永久性腦部損傷和退化成只能自行呼吸的植物人的狀態，都不過是有效治療手段的附帶傷害。

讀到這裡，我可以理解你們可能覺得我給了自己一個全然無望的任務，畢竟想讓黑面煞星變成奇普斯先生幾乎是自不量力，更別說是宣稱腦葉切斷術已經是值得信賴的手術了。不過，現在的情況確實如此。

事情的變化是這樣的。回到一九四〇年代和一九五〇年代，外科醫師拿著冰鑿和奶油刀在腦袋瞎弄，他們對於自己在做的事要不是一知半解，不然就是根本一無所知，情況有點像是從西班牙啟航的探險家克里斯多福．哥倫布（Christopher Columbus），既沒有地圖，也不清楚自己真的要前往哪裡，或是到了那裡會發現什麼。基本上，改變的就是地圖製作的這個部分。多虧了X光、發射電腦斷層掃描攝影術、核磁共振造影、正子斷層造影掃描、單光子射出電腦斷層造影掃描、腦電波圖和腦深層電刺激的發明，外科醫師現在對於大腦先前神祕的拓樸圖有了更清楚的概念，也就更能夠了解大腦發生了什麼事、發生的部位和發生的原因。我們現在已經可以確切地說出掌管視覺、嗅覺、語言，或行動的各是大腦腦葉的哪個部分，舉例來說，無論好壞，掌管我發表演說的大腦部分是布洛卡區，是位於額葉的一個區域；告訴我時間不夠要快點說完的大腦部分則是位於大腦後部的頂內葉區。

對於大腦這個最美好的人體器官的偉大奧祕，我們現在終於擁有能夠了解的手段，而這是佛朗茲．約瑟夫．加爾（Franz Joseph Gall）和凱薩．倫柏羅索（Cesare Lombroso）等早期的大腦和頭部製圖師做夢也想不到的方式。現在的我若是能夠找出，到底是大腦的哪個部分竟然瘋狂到讓我覺得自己能夠完成以神經外科為主題的書寫任務，如此一來，我們或許就知道了一切。我們現在已經配備了人體頭部的世界地圖（mappa mundi），我們不妨將之稱為一份電子版的大腦地圖（mappa cerebrum），這彷彿是外科醫師擁有了進入人體頭顱探索旅程的最新衛星導航系統；不管是簡單的顱骨切開術，或者是在顱骨鑽洞來緩和硬腦膜下血腫，我們現在對於所有的神經外科手術的療程和結果更有信心。

基於一些（大概與先前詳述的既有名聲相關的）敏感原因，現在的神經外科醫師都會說腦葉切斷術是一種「前顳葉切除術」（anterior temporal lobectomy，簡稱ATL）。這項手術需要完全移除大腦顳葉的前面部分，是目前針對醫學上難以治療的內側顳葉癲癇（medial temporal lobe epilepsy，簡稱TLE）病人的標準治療方案，也就是說這樣的病人無法以抗癲癇藥物來控制癲癇性痙攣。雖然這個手術依然有風險而且極為昂貴，但是據報有介於百分之八十到百分之九十的病人在術後都不會再出現癲癇。

我們已經不再動用奶油刀或冰鑿來切開大腦。我可以告訴你第一手的資料，這是因為身為你的勇敢報導者的我在幾星期前去觀摩了一次前顳葉切除術的進行，地點是位於倫敦皇后廣場（Queen Square）的國立神經病學和神經外科醫院（National Hospital for Neurology and Neurosurgery）。一天之內進行二十五次腦葉切割手術的年代已經一去不復返，我看的那一場前顳葉切除手術幾乎進行了八小時，而且參與手術的醫護人員共計九位，其中包括了三位神經外科醫師。手術開始之前，病人頭部X光片上的一個微小到幾乎看不見的損傷或疤痕吸引了我的目光，而那或許是連瑞士鐘錶匠都不會注意到的，但是卻逃不過我們的神經外科醫師麥克沃伊醫師（Dr McEvoy）的法眼。麥克沃伊醫師向我解釋，那個疤痕必然跟病人的癲癇有關，大概是病人小時候發高燒所感染的結果。在倒不如說是一點都不狂熱的氛圍之中，前顳葉切除手術正式開始。

目前，在進行顱骨切開術之前，光是使用電動手術刀（或是俗稱的「保威」[Bovie]手術電燒刀）來移除肌瓣和清理頭顱表面，可能就要花上將近兩個小時的時間。接下來是以高速電鑽來進行顱骨切開術，而過程中發出的聲音和味道都讓我想起了自己讓牙醫補牙的經驗。醫師切下了一個火柴盒大小的顱骨，並且將之安全地保存，以便之後能夠嫁接回去。

就在顱骨下方，有一層叫做硬腦膜的薄膜包裹著整個大腦，看起來就像是雜碎羊肚（haggis，譯註：此為將肉雜、洋蔥和調料等放入羊胃中烹煮的一種蘇格蘭料理）上的外皮。切開薄膜後，顯露出來的就是閃閃發光的灰色大腦，上頭布滿了蛛網狀的血管，簡直像極了電影《異形》中有趣的異形蛋。使用了巨型神經外科顯微鏡，就連像人類頭顱這樣深沉而無法進入的腔體都能夠一目了然，才能夠在今日執行切除大腦的精巧工作。

在為病人動手術的時候，外科醫師告訴我，動完腦葉切割術的大腦很快就會重新自我配線；現在的病人在一輩子深受癲癇性痙攣之苦後，對於大腦在術後要建立新的突觸所帶來的短期不便，都認為那是值得付出的代價。就我外行人的意見來看，相較於早期的粗略估算和冰鑿，更別說是背誦《主禱文》的方式，現今的整個高度科技和極度精細的科學手術可以說是極大的進步。相信你們也很樂意知道，現在那位病人的術後復原良好，而讓他需要動神經外科手術的前顳葉癲癇也完全消失了。

如果換成是華特．懷特的年輕犯罪拍檔傑西．品克曼在場目睹這場令人讚嘆的手術的話，我想他一定會跟神經外科醫師擊掌致意並且說道：「唷，科學，很神喲。」

肺
Lungs

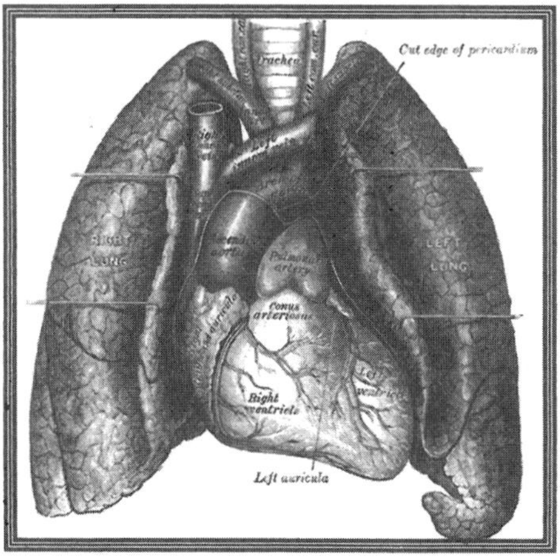

達爾吉特・納格拉
Daljit Nagra

英國有五百萬人都承受著氣喘之苦，而我是其中之一，故而理所當然從很小就對肺部感興趣並對呼吸極為注意。我記得年幼時氣喘發作的恐怖經驗，最近更驚覺發現，原來即使時至今日，每天還是有三個英國人會因為氣喘發作而死亡。

氣喘有著年歲悠久的歷史記載；希波克拉底（Hippocrates，譯註：古希臘醫學代表人物，素有西方醫學之父之稱）在兩千五百年前就首次提到了這個醫學病症。儘管如此，治療氣喘的醫學發展卻是難以置信地緩慢，一直等到一九六〇年代以降，我們才看到減輕氣喘病患痛苦的顯著醫學發展。我從一九七〇年代初就開始治療氣喘，可以說是經歷了那段期間的三個世代的氣喘用藥。

當我還是小孩子的時候，我每天都必須忍受肛塞牛奶色的子彈型栓劑的侮辱；幸運的是，到了一九七〇年代中期，吸入器則就取代了這種藥物。吸入器是個時髦的環形器具，掰開一顆膠囊後將之放入，病人即可從吸嘴吸入藥粉，而吸的時候會發出很大的喘鳴聲，這後來就變成了我讓朋友刮目相看的派對絕活。接下來出現的泛得林（Ventolin）定量噴霧劑則提供了更讓人快樂的氣喘舒緩方式，只需從吸入器噗吸一口，腎上腺素就會打開我的呼吸道，也會讓我變得有些亢奮。在大部分的青少年時期，我可以說是對泛得林完全上癮；回到房間的我會一邊舒服地坐著看天空，一邊悠哉地從吸入器噗吸幾口。要是我噗吸得夠多，我就能在眼前看到星星。對氣喘患者來說，吸入器是改變人生的東西，給予我們一種慰藉，知道我們只要噗吸一口就可以擴張老是收縮的呼吸道，讓我們的肺部再次充滿空氣。

不過，在我成長到可以自行管理這些西方氣喘藥物之前，我其實很少使用這些西式療方；我的父母親是來自印度的旁遮普人，他們並不了解醫師給我的處方，這是因為他們的英文能力不佳，所以無法與醫師溝通或是閱讀說明書。此外，他們更崇尚尋求東方傳統療法來治療我的氣喘。我對氣喘的最早記憶是在我五歲或六歲的時候，那時的我被父母拖去看了無數個巫醫，無非就是想幫我擺脫這個不光彩的疾病；我是來自強調男子氣概的畜牧家庭，而我的父親又是個摔角冠軍則讓情況更加複雜，可是我一生下來卻是個氣喘吁吁的廢人。

由於我的錫克出身背景，巫醫一向都是錫克男人，他們隱藏在相同的藏紅花僧袍之下，蓄著長鬍子且頭綁頭巾。這些巫醫不只是會各自在音樂廳、公寓和河畔等各式地點來展現技法，他們給的建議也五花八門。其中一個所開的處方是一盅烏骨雞湯，連續一個月每日飲用兩次；另外一個是我們前去阿姆利則（Amritsar）的黃金寺廟所拜訪的巫醫，他則是把我的頭壓浸到聖河裡；還有一個則是嚴厲地告訴我的父母，我的身上帶有前世的詛咒，命令我一定要固定每小時誦經贖罪。至於讓我印象最為深刻的巫醫，大概是那個配發兩條棉線給我的父母的男人，好讓他們將棉線穿過我的雙耳，而且一定要完全刺透，我當時大概才五歲，就因此被迫戴上了黑色棉花的耳環。令人難過的是，這些耳環的神聖力量並沒有持續多久；第一次戴上耳環之後，沒過幾天，我的氣喘就發作了一次。我的雙耳至今都還各自有著一個小隆起，提醒著我曾經嘗試過的這個療法。

然而，這些錫克巫醫的藥水和符咒通通不管用，我也因此對那個神祕世界沒有什麼感覺。隨著我逐漸長大成人，我漸漸遠離了父母的傳統和信仰，對於這種情形，我不禁懷疑其中有多少是與這些令人不安的童年經驗有關。現在的我反而成為詩的咒語力量的信仰者。當我在倫敦的蓋伊醫院研究肺部的時候，我發現了一尊自己最喜愛的詩人約翰．濟慈（John Keats）的真人大小的美麗銅像；濟慈在一八二一年逝世之前，曾經在蓋伊醫院接受內科醫師訓練，他死時才二十五歲，死因是染上了肺結核這種致命疾病。

在伊恩．普羅克特（Ian Proctor）和伊蓮．伯格（Elaine Borg）這兩位病理學家的陪同下，我去蓋伊醫院看了一些肺，不過，在我前往之前，道格拉斯．羅賓森教授（Professor Douglas Robinson）已經先幫我惡補了肺的相關知識。羅賓森教授是倫敦大學學院呼吸系統和過敏的醫學顧問，他向我解釋，肺部是受到肋骨擴張和橫膈膜下移的動作所控制，迫使空氣進入肺部所騰出的真空空間，藉此吸入氧氣和排出二氧化碳。這顯示了肺部在過程中的某種安靜特質，我們從來不會感覺到肺部的運作。我喜歡這個肺部擁有近乎空靈的屬性的說法，以一種非常細緻且不張揚的姿態而存在。當伊恩．普羅克特向我解釋肺是異常輕盈的東西的時候，我看到他的眼神也跟著上揚，彷彿正在想像著肺脫離了身軀而向上飛行。

在這次的會面之後，我學到「lung」是個古英文字，大概是源自於德文的輕的意思，也就是所謂的不重之意；肺部也因此是眾所周知的「輕器官」。儘管是如此彈力輕盈，肺卻是出乎意料地強壯，可以很快弄鈍一把切入的刀子，原因在於肺有著幾百萬個肺泡，並有軟骨包覆而因之保持開放。如果將一個肺和其所有的肺泡全部展開且向外鋪延的話，覆蓋面積可達一座網球場的大小。然而，謝天謝地，我們並不會被這些龐大的器官壓垮，這是因為即使是在完全運作且血液循環其中的狀態下，肺的總重量也只有大約八百公克，不過就是一條麵包的重量。當吸滿空氣的時候，每個肺具有一個足球般的容量，可以讓上至頸部、下至腰部的體腔都充滿空氣。肺活量的實質增加可以增進人體的運作效率，確保更快速地把氧氣輸送到血液，我們的器官和肌肉即可運作得更有效率。對於男女運動員、歌手和吹奏樂手來說，增進的肺活量是臻至最佳表現的必要手段。游泳選手和風笛手顯然是肺活量範疇中的佼佼者，一般人的肺活量是六公升，但是美國奧運游泳選手麥可．菲爾普斯（Michael Phelps）卻是加倍達到十二公升；不過，若是想要趕上肺活量達到五千公升的藍鯨，他還有極大的進步空間，還要再多游許多海洋。

倫敦的高登病理學博物館擁有可供醫學系學生參考的極佳收藏；該博物館的建築本身就是一個充滿空氣的巨大腔體，裡頭有許多走道，並且層層欄架上擺放著一個個器官和身體部位，每一個都是靜靜地暫時存放在各自密封和有編號的標本罐裡。我在那裡看到了幾個肺部標本，而每個肺的顏色都有極大的差異。他們告訴我其中那些顏色最淡、最乾淨的肺的主人都是鄉下人，城市人的肺則有著黑色斑點，故肺會吸進人們呼吸所在的環境。當然，抽菸的人或那些癌症和肺結核病患的肺又顯得極為不同，看起來非常黑，而且有些都毀壞了。

觀看各種罹病或受到感染的肺部標本時，我不禁想起濟慈以及他因為肺結核而英年早逝的悲劇。濟慈所寫的〈頌詩〉（*Odes*）是世界上最美麗而廣為傳頌的詩篇，皆完成於一八一九年的短短幾個月之間，寫作地點是在漢普斯特德（Hampstead）的一座宅院，現今為濟慈故居博物館（Keats House Museum）。在那段時期，濟慈經常會在漢普斯特德荒野散步，呼吸清新的空氣，遠眺山下烏煙瘴氣的城市風景。時至今日，人們將這片荒野視為倫敦之肺；我們可以想像它吸入了所有過多的二氧化碳，再釋放出供給數百萬倫敦居民的氧氣。我想知道世界上還有多少偉大的城市擁有這樣散亂蔓生的城市之肺，思緒馬上就飄到了紐約的曼哈頓；從上空俯瞰，中央公園的龐大綠地占據了這個島嶼的中心地帶，這樣的位置彷彿執意要讓所有的紐約客都觸及到綠意，而其釋放的氧氣也能夠盡量深入到複雜的城市街道網絡。

身為詩人的我往往把詩看作是一種暫時的呼吸體系，以詩本身的豐富內容來回報給讀者。對我而言，經由讀詩來吸收一首詩就是一種交換系統，有助於我們消除一日的辛勞並以美的事物來恢復我們的精力。比較機械性的說法則是，詩的氣息會透過詩的節奏而影響到我們的肺部。我想像的是用一口氣朗誦一行詩或是一個詞義單位，讀者接著會停頓一下來吸一口氣，然後再朗誦下一行詩。即使只是在腦海中默默讀詩，我通常能夠感覺到每一次的呼吸。若是在身體不適的時候，我發現很難編輯自己的詩作，原因是精力充沛的呼吸相當耗費心神。這讓我又回想起了濟慈，想到他甚至在罹患結核病而病倒的時候，仍舊憑藉著意志力埋首創作出需要極大肺容量的生動詩句，其中充滿了高度活力且語法複雜的爭辯。

在寫詩的當下，我總是渴望改變讀者的規律呼吸，讓他們可以因此感到自己是活在我的詩作裡。我希望讀者適應我的呼吸節奏，因此讀者在讀詩的這段期間，可以與我同步呼吸，我可以以此把他們拉出自己，跟我一起展開一趟呼吸之旅。每一位詩人都有不同的呼吸系統。拿一段米爾頓（Milton）的《失樂園》（*Paradise Lost*）為例，由於詩中延遲動詞的出現，並以強力過度的行文體系來書寫主要子句和次要子句而形成長句，因此讀詩時的呼吸停頓對於讀者而言會是一項挑戰。反之，卡羅．安．杜菲（Carol Ann Duffy）的詩作運用單詞句與頻繁出現的短子句，讀她的幾行詩似乎能夠輕而易舉地呼吸吐納。

人們曾經爭論著，即使是人們最耳熟能詳的英文詩句，其五音步抑揚格的韻格也不是真的五音格。反而是韻格一分為二，兩個強拍中間夾著一個弱拍，而呼吸就發生在中間的較弱拍。例如，請思索一下這首莎士比亞十四行詩的第一行：「Shall I compare thee to a summer’s day」。這行詩可以用五個正常拍或是中途停頓一次的方式來一口氣讀完：SHALL I COMPARE THEE to a SUMMER’S DAY，在「thee」和「to」之間可以稍稍停頓，輕輕地吸一口氣，如此一來，我們就可以為最後兩拍注入生命，並改變呼吸。

抒情詩蘊含著如此豐富的情感，而其情緒就是存於詩句的氣息之中。黑山學院（The Black Mountain）詩人查爾斯・歐森（Charles Olson）曾在一九五〇年代這麼寫到：詩的部分力量端賴於詩人對於「呼吸力道」的控制；我喜歡他談到「力道」這樣的概念，這使得一首詩變成了一首歌。詩可能沒有鼓和弦的伴奏，但是詩有著自身文字的豐富組合音樂性，因此只要詩人能夠將之掌握，就能夠創造出一種呼吸力道；當讀者感受著呼吸的一收一放，他們就進入了詩的音樂世界之中。

正因如此，就我最新的認知，詩其實是個身體事件。一首詩會改變讀者對於自身肋骨和橫膈膜的經驗。詩可以幫助創造胸膛的一種空氣顫動，而肺部將會因之冷靜或衝動。當偉大的波蘭詩人茲比格涅夫・赫伯特（Zbigniew Herbert）說詩應該是一種呼吸的鬥爭的時候，我懷疑這是不是就是他心裡所想的事。赫伯特見證了二十世紀波蘭所經歷的動盪，將寫詩的行動視為是面對社會和政治暴行的生存企圖；完成的詩作、歷久不衰的詩作、一次呼吸的勝利！所以到了最後，就在呼吸的氧氣和二氧化碳的交換系統，我們領略了絕望、堅忍及喜悅，來自於歌、來自於詩。

耳朵

Ear

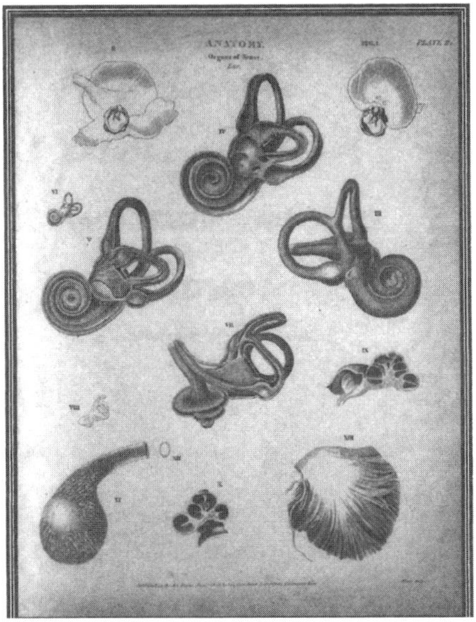

派屈克・麥吉尼斯
Patrick McGuinness

當我還只是個小學童的時候，與文學裡最著名的耳朵相遇的經驗，讓我感到既驚嚇又困惑，那是莎劇《哈姆雷特》（*Hamlet*）的一場戲，哈姆雷特父親的鬼魂現身告訴他自己為何死去。鬼魂告訴哈姆雷特自己死因的官方說法（睡覺時被毒蛇噬咬）是一場謊言，真相其實是克勞狄爾斯（Claudius）從他的耳朵下毒所致：

……你的叔父悄悄溜了進來，
拿著裝著黑莨菪毒草汁的小藥瓶，
從我的耳廓倒入了那痲瘋的藥水，
毒性順著血液而讓人招架不住，
就像水銀般，
迅速流通大小血管而流滿全身上下。

在教室裡並肩並排坐著，孩子們可以看到許多耳朵，觀察比較敏銳的可能會注意到每個耳朵都不一樣，但是基本上又都一樣：摺疊擠壓的縮攏皮膚包覆著小骨頭，就像是揉皺的紙張或皺巴巴的防水篷布。有些時候，倚著窗戶或靠近光線，我們可以看透一個小孩的耳朵，皮膚薄似宣紙，在陽光穿透之下發著光，透明到血管清晰可見。

就像多數孩童的耳朵一樣，我的耳朵也是耳垢的儲藏室和感染的偶發場景。耳朵相當乏味、醜陋和平凡，同時卻又精細、漂亮和複雜。我的兩隻耳朵，我的同學會用手彈弄，老師會前翻檢查我在運動後有沒有洗乾淨；但是同樣的兩隻耳朵讓我聽見了賈克·布雷爾（Jacques Brel）演唱的〈不要離開我〉（*Ne me quitte pas*），使得年僅十二歲的我打從心底流下了眼淚。

除了耳膜之外，我們對耳朵所知甚少，或許這是因為耳膜是使用棉花棒的（或應該的）停止點。有一次，為了一坨難挖的耳垢，我挖得太深而挖破了耳膜，我尖叫了起來，以為自己挖到了腦袋而會從耳朵流出腦液。不只是疼痛而已，我感覺到是自己衝破了人體內外的屏障物。

清除耳垢為我帶來極大的歡愉，而在過去的年歲中，人們總是會自尋樂趣。儘管現在都建議不要這麼做了，可是我還是享受這種試探性的推送轉動的快感，而我猜想自己不會是唯一這麼做的人；讓棉花棒進入耳朵探測、掏挖和尋找變硬的小耳垢，再將其從耳洞裡迴轉挖出，就像是用湯匙在罐子裡尋找角度以便挖出最後剩餘的果醬。接著就是勝利的回歸，棉花棒沾滿著挖到的寶藏；要是出來的棉花棒跟伸入時一樣乾淨的話，那就讓人感到失望。旅館都知道這件事情，這也是為何他們的迎客包裡通常裝著一些怪異的物品：浴帽、針線包、鞋油和棉花棒。我喜歡這樣想像，要是自己全都使用了的話，我會得到怎樣的假期。

在揭露毒藥之前，哈姆雷特父親的鬼魂說到：「全丹麥人的耳朵……都給惡毒地濫用了。」整個國家都被他的死亡謊言欺騙了；這個濫用整個國家的耳朵的說法，我們現在則是用假新聞來形容這種由來已久的現象。對莎士比亞來說，耳朵之所以是如此有力的象徵，那是因為耳朵連結了外部世界和內部世界的方式，不只是生理上和解剖學上的連結，而且有著認知上和精神上的意義。耳朵是大門、門戶和入口，我們不僅可以從耳朵進入身體，同時也可以進入大腦，總之就是進入所有我們宣稱是自己的一切。耳朵是永遠開放的；正是因為耳朵沒有有形的開關，我們因此也無法停機。在我們面對死亡這個最偉大的人體開關之前，睡眠可以說是最接近的時刻，但是即使是入睡也逃不過耳朵的擺布。

我們用耳朵聆聽是個怎樣的過程呢？或許最好是將之描述成一個聲音的故事，或是一趟聲音造成的旅程，這是因為故事就是旅程，就像人的耳朵有內耳、中耳和外耳三個相連的部分，故事也有開端、中間部分和結尾。

我對聲音的故事開始發生興趣，是在我拜訪位於德國波恩（Bonn）的貝多芬故居的時候。我看到在他的鋼琴旁的玻璃櫃裡的助聽筒，就是這些助聽筒幫助了失去聽力的貝多芬譜出樂曲。在今日人們的眼中，這些勺狀助聽筒看起來很簡陋，可是我們的許多音樂都要拜它們所賜；它們都是特地為貝多芬所做的巧妙設計，有著一條金屬帶讓他可以戴在頭上，模樣就像是現今的耳機，因此就能夠騰出雙手譜曲。助聽筒的另一端則是長到與鍵盤齊平，讓貝多芬能夠聽見自己彈奏的音符。對於一個聲音就是他的世界，並且描述自己正逐漸為那個世界所「放逐」的作曲家來說，這些能夠擴大和傳達聲音的助聽筒填補了耳朵的作用。

為了追溯聲音旅程的各個插曲，我前往倫敦大學學院的耳科醫院（UCL Ear Hospital）拜訪了聽覺和平衡的醫學專家嘉達・歐莫琪博士（Dr Ghada Al-Malky）。在一個色彩繽紛的巨型耳朵模型前，她先向我解釋了《哈姆雷特》裡的毒藥是如何經由耳膜破孔到達國王的喉嚨。看著色彩鮮明的卡通般的塑膠模型，讓人很容易想像毒液是如何燒透那個柔軟的組織而「迅速流通」全身上下。此外，她也向我解說了我們的聽覺運作，以及我們如何了解自己聽到的東西。

就我們個人的身體的歷史來看，聽覺的出現要早於說話；由於人的耳朵在婦女懷孕二十週左右就會完全發展，因此新生兒在出生前就已經聆聽著自己即將誕生的世界。我們希望胎兒聽到的是寬容慈愛的字句，雖然不懂其中的意思，但是能夠從其展現的意圖、口吻和聲調而獲得慰藉。當然，早在其所貼附的身體出生面對著光線而眨著黏在一塊的眼睛之前，許多嬌小耳朵也聽到了威脅、對罵、羞辱、啜泣和吼叫。胎兒或許還不知道聲音的意義，但是絕對知道聲音的作用。

我們可以閉眼不看，但是耳朵就沒有那麼容易控制了。從消音耳塞到要價三百英鎊的降噪耳機，我們尋找著對抗不停止的耳朵活動的方法。即使好像沒有任何聲音，耳朵就是可以聽到些什麼。就算是以手掩耳，結果我們聽到了正在聆聽的自己；聽到自己的身體脈動、腦中的血流，一種感覺親密卻同時顯得如此遙遠的怦怦聲響。

就像是貝殼，還是小孩子的我們總是聽說可以從貝殼聽到海的聲音，彷彿貝殼錄下了海洋，就那麼不斷地在內部的螺圈和通道重複播放著錄音。英文之所以俗稱「貝殼狀耳朵」（shell-like ear），是因為其形似海螺、渦螺、蛾螺、濱螺及其他無數貝類的殼，而這些殼裡裡外外的結構都使人想起人的耳朵。甚至有一種俗稱「寶貝耳」的水晶玉螺，相當精緻而蒼白到近乎透明；不過，儘管名稱可愛，這種貝類其實是一種肉食性海螺。

耳朵是一個地方，就如同一間房子、一個迷宮或一座宮殿，裡頭容納了房間、走廊和通道。由於部分在頭部之外而部分在內，耳朵既是公開的、也是私人的。耳朵會讓水、雨和風進入。耳朵也是脆弱的——回想一下有隻蚊子在耳朵旁所引起的莫大干擾，這樣的一隻昆蟲在頭部入口不停盤旋所帶來的幾近電擊的感受，彷彿下一步就是攻擊你的大腦。我們愛用耳環和飾鈕來裝飾耳朵；耳朵是可以被看見的，而可以被看見的東西都能夠加以裝飾。然而，耳朵的內部運作是看不到的；在嘉達的引領下，她向我揭露了這個如同最精密的錄音室錯綜複雜的人體器官。

就拿我們最熟悉的聲音為例，那就是我們的名字的發音；名字是我們奇怪的中介部分，是公開的（可見於我們的稅單、銀行金融卡和薪資條），也是私密的（父母給了我們名字、名字就在我們的心裡、我們逐漸與它合而為一）。就像我們的耳朵，我們的名字也是同時向外與朝內。想像一下，在房間裡或繁忙的街道上聽見有人大聲叫著自己的名字，聽見後，我們會隨即轉身看是誰在叫自己。這個動作簡單到我們大概都不會再想起來；這是很幸運的事，因為若是習慣動作無法省去讓人疲於應付的意外感的話，我們的生活是不可能繼續下去的。我們會聽到自己的名字，那是因為我們對名字的發音很熟悉，因此我們的聽覺習慣含有某種聽覺自我，讓我們能夠隔離掉其他不相關的聲音（街道聲、警報聲、日常塵囂）。

我們的名字是以聲波傳抵外耳，也就是耳廓或是耳殼的部分。外耳有著耳洞、耳垢、四處亂飛的沙子，以及我們想事情會忍不住玩弄的耳垂，可以幫助我們判定聲波傳來的方向。外耳收集的聲波接著會傳入耳道，引起耳膜（中耳的入口處）振動。耳膜又稱鼓膜；運作中的耳膜看起來就像是揚聲器在播放音樂時所出現的顫動狀態。

接下來發生的事情具有一種美麗的機械簡單性。耳膜連結著三個最小的人體骨頭：鎚骨（鼓槌形）、砧骨（砧板形）和鐙骨（馬鐙形）。三個骨頭的名稱聽起來讓人想到鐵匠舖或工作室，而在某個方面也確是如此。連結到耳膜的鎚骨會拉推砧骨，連帶使得砧骨拉推鐙骨，此時鐙骨就充當活塞而使得在內耳的耳蝸的液體產生波動，並隨著耳膜振動而移動。這三塊小骨一起通稱為聽小骨或聽小骨鏈，一起回應中耳的壓力波並將之傳導到內耳。根據嘉達為我做的引導，這看起來就如同是一個相當基本的液壓系統，就像是老師用來教導學童基本力學的教具。如果外耳看起來像個貝殼，內耳則比較像是一個渦螺。就是這樣，聽小骨鏈的機械液壓系統即可將波動轉換成電信號。耳蝸充滿液體，是一根盤繞的螺旋管，而且布滿了毛細胞，毛細胞擺動時會送出一種電脈衝到耳蝸神經，再由神經傳導至大腦（我們現在逐漸深入大腦；在模型上，一切看來臨近大腦而令人不安）。聲音越大，就會有越多的毛細胞跟著擺動。不過，耳蝸的毛細胞也可以替我們辨別不同的聲調。位於螺旋基底的底部毛細胞幫助我們聽見高頻，而在螺旋頂部的上部毛細胞則是負責低頻，涵蓋的聲譜範圍從兩百赫茲到兩萬赫茲，而其上升下降的方式猶如鋼琴琴鍵音階。每當耳蝸的液體波動，即會造成毛細胞的運動而製造出電信號，再經由聽覺神經傳送至大腦，傳送途中會通過腦皮質聽覺區，此處就是將耳外傳入的聲波處理成大腦資訊的地方。如果這些功能有任何一個無法運作或是故障，我們的聽覺就會隨之受到影響，以至於只有某些音頻或聲調能夠抵達目的地。這也是為什麼失聰和聽力受損的狀況會跟聽覺本身一樣複雜多變，而聾人的生活是全然無聲的形象不啻是一種刻板印象。

我們聽見了自己的名字就會轉身；我們是如何知道要轉向哪一個方向呢？這就要談及我們耳朵的另外一個功能，這個功能基本到我們根本不會注意，不過，如果耳朵停止了這個功能，我們馬上就會察覺；耳朵讓我們有了平衡感和方向感。我們聽見自己的名字就知道要往哪個方向轉身，我們可以站起來並讓複雜的身體保持平衡來完成無數日常任務，箇中原因是耳朵內有三個環狀的半規管，可以感覺運動和靜止狀態，並向大腦發出信號。一個環狀管感覺的是上下運動，另一個是水平運動，第三個則是傾斜運動。由於我們的耳朵各自在相對的頭部兩側，其聽到聲音的時間點、聲量和頻率的極小變異，不只讓我們能夠對如音樂或歌唱等事物給予複雜的反應，我們也因此有能力定位聲音的來源，轉向對我們說話的人，並且穿過馬路或房間去會見對方。

以上就是我們聽見有人喊我們的名字而轉身之間所發生的一切。只是不同於多數的故事，這個故事的訴說時間比它的發生過程要來得更長。我想這給予人體運作的日常奇蹟一個不錯的定義：某些事物解釋起來比其本身來得更耗時。

是有人想要引起我們的注意嗎？會不會在幾公尺遠的地方、在隔壁桌，或是在對面的馬路上，有人的名字正好相同呢？啊，沒錯，就是這樣；瞧，是個同名同姓的人。之後我們會移轉注意力，回去繼續跟人聊天、讀自己的書，或是等待計程車。我們的耳朵又回到了待機狀態，但是它們會保持警覺，維持暢通，永不關機。

甲狀腺

Thyroid

戚本杜・奧努佐
Chibundu Onuzo

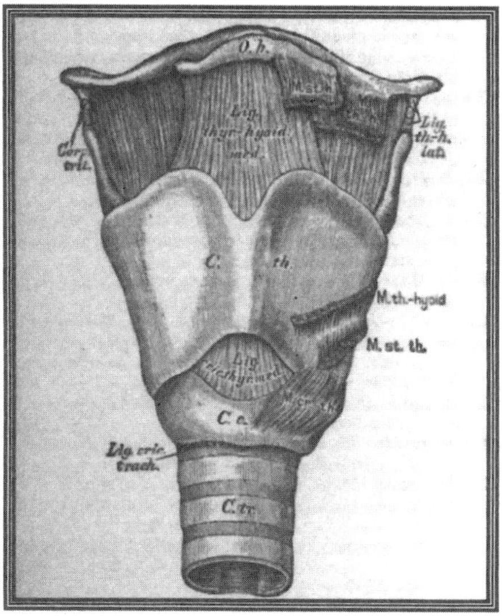

有天晚上，當姑媽與姑丈躺在床上，她翻了身到他身旁，將自己的頭枕在姑丈的胸部。貼壓著姑丈的胸腔，聽到他的心臟怦怦地跳得好快，這讓她感到欣慰。十五年的婚姻生活，生了四個小孩的她臀部變寬了、腰變粗了，但是她還是能夠讓他脈搏加速跳動。然而，幾分鐘過去了，姑丈都沒有其他動作，睡死的他根本對她的性魅力無動於衷。既然如此，他的心跳怎麼會這麼快呢？這其實是姑丈的甲狀腺出了問題的第一個徵兆。

甲狀腺是位於頸部底端有如蝴蝶結狀的腺體，大自然給了每個人一副相同的銹紅色甲狀腺，不因個人品味而有所不同。甲狀腺的文獻記載最早可見於希臘醫學，希波克拉底和柏拉圖在兩千年前就發現了這個腺體的存在，只是兩個人都搞錯了甲狀腺的功能，誤認它的工作是負責潤滑呼吸道。即使是千年之後，歐洲的醫生依舊不知道這個蝴蝶結狀腺體的功能。

十七世紀曾經流行著一個錯誤的甲狀腺理論，當時的人認為那是為了美化女性頸部的腺體，稍微腫大的甲狀腺正好可以突顯女人天鵝般的細長頸子。這個理論之所以會發展出來，或許是跟文藝復興時期的繪畫有關，當時到處可見的聖母畫都把聖母的頸項畫得腫腫的。達文西、卡拉瓦喬（Caravaggio）及泰坦（Titian）全都想像了不同姿態的聖母：把彌賽亞抱在膝上逗弄的聖母、教著幼年基督走路的聖母、升天到雲霧繚繞的天堂的聖母；可是，無論聖母瑪麗亞是在地上還是漂浮於空中，永遠都有著喉嚨底部粗厚的識別標記。

這些藝術家是否知道他們作畫模特兒的頸部腫脹是因為甲狀腺腫大的緣故呢？博學多聞的達文西有沒有因為描繪了被解剖的哺乳動物的甲狀腺，而想到他的模特兒會喉嚨腫大是跟這個腺體有關呢？大概不知道吧。他們不太可能知道，這些來自托斯卡尼（Tuscany）和翁布里亞（Umbria）的女模特兒，雀屏中選來替聖母畫像擺姿勢的年輕女孩其實都患有甲狀腺腫，而這是甲狀腺功能異常的另一個徵兆。

甲狀腺體會分泌一種叫做甲狀腺素的激素，而人體要製造出甲狀腺素則需要從飲食中攝取碘，一旦沒有足夠的碘，甲狀腺就會過度運作而腫脹，先是看似（如同聖母像一樣的）迷人的甲狀腺腫，之後就會變成蕪菁般大小的醜陋甲狀腺腫。

海洋是碘的豐沛來源，海帶、海藻和鱈魚都有助於維持甲狀腺功能，像是優格和乳酪等（尤其是在幾世紀之前）比較昂貴的高蛋白高脂肪食品也含有碘。二十世紀之前，如果是居住在遠離海洋的內陸窮人的話，甲狀腺可就遭殃了。直到二十世紀初期，有一個美國人想出了製造含碘鹽巴的聰明點子，只要把碘摻入鹽巴中，即便是住在最偏遠內陸地區的旱鴨子也可以輕易地分泌甲狀腺素。

可是甲狀腺素的作用到底是什麼呢？這種激素有助於控管人體的新陳代謝，即是我們生長發育的速度。是誰在班上名列前茅、是誰的月經來得較遲、是誰的身高長到六呎、是誰的胸部還是跟洗衣板一樣平——這些關於人的智能和進入青春期的發展，全部都與甲狀腺體和其分泌的神奇激素脫不了關係，聽起來有點像路易斯．卡羅（Lewis

Carroll）筆下的情節，喝下它就可以長高長壯，要是不喝的話則會發育不良（譯註：此處係指路易斯・卡羅的兒童文學名著《愛麗絲夢遊仙境》〔*Alice's Adventures in Wonderland*〕）。

甲狀腺所分泌的甲狀腺素多寡則是由另一個腺體控管，即是位於大腦底部的腦下垂體。腦下垂體會讓一切保持在「金髮姑娘」（Goldilocks，譯註：此處應可回溯至《金髮姑娘與三隻熊》〔*Goldilocks and the Three Bears*〕故事所衍生的「金髮姑娘原則」，意指凡事適可而止，過猶不及）狀態，甲狀腺素就不會分泌過量或不足，恰到好處。不過，甲狀腺體有時會脫序，壓力可能是觸發因素。甲狀腺若是分泌了太多的甲狀腺素，你會渾身發熱，真的開始燒起來。

你覺得雙腳過熱而無法安坐、雙腿抖動且雙手發抖。你不停進食，但是體重還是下降。你的身體焚燒著熱量，新陳代謝是以閃電般的速度進行著。你的心跳會因此加速，即使是在休息，心跳速度還是像在跑馬拉松一樣地快。就算是睡著了，要是你的妻子將頭靠在你的胸膛，她就可以聽到你的心肌隆隆作響。

有些時候，你甚至無法入眠。眼睛開始腫脹，一開始像是沒有睡飽一樣地發腫，接著會腫得更大，變得像是撞球的用球而異常突出，而這是因為脂肪不停堆積在眼睛底部而將眼睛真的推出了眼窩。一切都是趕、趕、趕。你的生活加速前進，衝、衝、衝，可是你卻覺得好累，累得要死。這種狀況就是所謂的甲狀腺功能亢進症（hyperthyroidism）。如果沒有加以治療的話，你就會出現俗稱的甲狀腺風暴，一旦有一天身體無法再承受這個體內風暴爆發所帶來的壓力，你就會心臟停止而死亡。

再者，有些時候，甲狀腺會懈怠職守而分泌太少的甲狀腺素。如果是天生甲狀腺素不足，並且沒有早期發現的話，則會罹患呆小症（cretinism，或稱克汀症）。有此病症的人會長不高，成年時有長到四呎高就算是運氣好了，骨骼很小且脆弱，青春期會嚴重延遲，會阻礙排卵而無月經，腋窩不會長體毛，也不會冒青春痘。

然而，呆小症最為人所知的症狀或許是這個病症會影響到智能發展。就算你的父母是神經外科醫師，你吃掉了所有的蛋和喜愛的補腦食品，可是血液中要是沒有足夠的甲狀腺素的話，老實說你學會字母的機會渺茫，更別說要高分通過英國小學升初中的11⁺考試，或是日後可以到劍橋或牛津大學念書。因此，如果你曾經故意用呆小人（cretin）來叫人的話，你大概是誤判了，因為呆小症真的是一種病症，實在不應該被當成玩笑話來形容自己的朋友。

甲狀腺因此是很重要的腺體，而且你需要它運作得像是金髮姑娘選擇的那碗粥一樣，不太冷、也不太熱，一切恰到好處。終於有位名醫發現到甲狀腺的功能，但是他的病人卻為此付出了代價。一直到了十九世紀末，人們對甲狀腺還是只有懵懵懂懂的概念，只知道它要是有時無法正常運作，人就會亢奮並且開始發熱。因此，這位外科醫師認為順理成章的做法就是切除甲狀腺；既然這個東西給人添麻煩，不如斬草除根，一勞永逸，只要切開脖子，剪掉蝴蝶結，就大功告成了。

一開始的時候，手術的成效看似驚人：醫生，我現在可以睡覺了，我的心跳正常了。我再也不會心神不寧，也不會緊張兮兮，那種無時無刻覺得自己快要跳下懸崖的感覺都不見了。得知此事的人們大量地從四面八方湧入要切除甲狀腺。然而，這位外科醫生開始注意到許多成功病例的情況不大對勁；病人確實達到了他想要的行動放慢的效果，可是後來的減緩程度卻是過大，變得無精打采，連在夏天都覺得冷，眼睛則跟那些鎮日昏睡的人一樣地浮腫。這些人的個性變得越來越不明顯、腦袋越來越不靈光，而且臉部表情癡呆、茫然單調，直到變成了像顆大頭菜的模樣。他們是需要甲狀腺素的。

在較早年代，割除甲狀腺的人開始服用甲狀腺粉末來補充身體所缺，而這些粉末是以同樣會分泌甲狀腺素的豬、牛和其他哺乳動物的甲狀腺所研磨而成。到了一九二〇年代，英國化學家查理斯·羅伯特·哈靈頓（Charles Robert Harington）與喬治·巴格（George

Barger）找出了合成這種激素的方法，現在若是有人真的必須移除甲狀腺的話，可以服用濃度符合身體所需的甲狀腺錠劑，一切就會沒事了。

而如果甲狀腺發生癌變呢？大部分的癌症能夠使用放射線來加以治療，可是要對付甲狀腺癌的話，則需使用一種相當特殊的放射線。前文已經提過，甲狀腺需要碘才能製造甲狀腺素，所以這裡是體內唯一會囤積碘的地方。因此，罹患這種罕見癌症的病人就需要注射放射性碘，以便讓這種物質直接進入甲狀腺並開始攻擊癌細胞。

等到接受這種放射性治療近三個星期之後，你自己也會帶有放射線，宛如是從漫威（Marvel）漫畫走出來的超級英雄霹靂火一樣，大便含有放射線，唾液含有放射線，剪掉的腳趾甲含有放射線，尿液、汗水和頭髮通通含有放射線。你必須要接受隔離，直到不再有放射線為止。儘管聽起來像是科幻電影的情節，但是這真的會上演，也是我特別喜愛的一位作家納丁·戈迪默（Nadine Gordimer）為小說《過日子》（*Get a Life*）所設定的前提。書中主角接受了放射性碘治療，之後與家人隔離十八天，而被迫重新檢視人生。

當我在寫這篇文章時，我也開始重新檢視自己的人生。我不停用大拇指按壓喉嚨底部；我可以感覺脖子的筋腱，那是血管的脂肪墊，可是我摸不到蝴蝶結狀的甲狀腺。不過，一切都很好，我的甲狀腺是在掌控之中的，而這是因為我是出生於二十世紀的緣故。我的祖先是西非的非沿海住民，居住在相當內陸的地區，很難取得甲狀腺所需的碘。若是活在過去，我必然會有腫大下垂的甲狀腺腫。一旦甲狀腺腫長得太大，就會壓迫到氣管而導致呼吸困難，或者是壓迫喉頭使得人的聲音變粗而顯得沙啞。三百年前，無論是在世上何處，若是有女人的脖子長了可怕的東西，聲音嘶啞，而且沒有月經和小孩，她就被認定是個巫婆。

我的思緒卻轉向了一些無聊瑣事。我的腰圍在耶誕節之後變大了，肚子被火雞和沃洛夫飯（Jollof rice）撐得圓滾滾的。或許，額外劑量的甲狀腺素可以加速我的新陳代謝來燃燒掉一些脂肪？甲狀腺素可以這麼使用嗎？變成超級減肥丸？這絕對可以讓人大賺一筆。可是我會瘦成皮包骨而且變得緊張兮兮，目前的我可一點也不想要有體重過輕所帶來的自鳴得意的滿足感。其實我也不是第一個想到這個好點子的人，Google告訴我早就有人把甲狀腺素當作減肥藥來使用了，只是副作用慘不忍睹。

當我跟別人提起自己正在寫有關甲狀腺的文章，故事就開始從四面八方湧來。住在村裡小屋的奶奶的甲狀腺腫得像顆蛋，直到死前都垂吊在她的脖子上。有人提醒我，曾經有過一位戴著眼鏡且眼睛很腫的老師，我現在才恍然大悟，她的血液中可能甲狀腺素過多，只不過當時喊她「青蛙眼」的我們並不知情罷了。有朋友跟我談起自己的母親，她在六十多歲時開始覺得冷和不想動。「更年期到了，」醫師跟她這麼說，「這是身體的自然變化，有些是你想出來的。」可是症狀一直沒有消退，經過檢驗後，才發現是她的甲狀腺功能喪失了。

我聽到的故事，大部分都是發生在女人身上。女性的甲狀腺就是比較容易出毛病，或許就是這個緣故，這個腺體的歷史交織的不是智慧和勇氣，而是浮華虛榮。

在男人身上……寬大的心胸展現的是勇氣。在男人身上……大顆的腦袋代表的是智慧。在女人身上……肥腫的甲狀腺呈現的是美麗。當然就是這樣的敘述。

或者，大概就只是因為甲狀腺的所在位置能夠立即吸引人們的目光。我的舅媽讓一位外科庸醫為她動刀移除了甲狀腺，卻在她的喉部留下了一個硬幣大小的傷疤。她從此戴起了圍巾，頸部纏繞著優雅的絲綢，活脫是位老派的電影明星。她也可以佩戴某種甲狀腺遮疤頸鏈，那種項鏈會服貼在頸部，並且有個大大的垂飾可以遮住喉嚨底部。如果甲狀腺是長在背部、足部或是大腿上部，這些不會被注意到出現腫大的部位，那就不會出現描繪異常甲狀腺的畫作、不會有長著甲狀腺腫的聖母，也不會發明出遮掩疤痕的時尚首飾了。

完成對於這篇文章進行的研究之後，我可是充滿了相關的小知識，多到是你可以電話詢問隨機問題真相的朋友。我所知道的實情多到可以在下個年度惹惱每一個身邊的人。如果有戴手錶的話，請看一下；你知道羅伯特·格雷夫斯（Robert Graves）會發明出鐘錶秒針是為了追蹤他的甲狀腺亢進病人的快速心跳嗎？你是否也知道，甘藍吃多了是會得甲狀腺腫的，這是因為它是眾多引起甲狀腺腫的食物（如花椰菜、青花菜、蕪菁和小蘿蔔）的一種，具有抑制體內儲存碘的作用，所以這些綠蔬不要一下子吃太多。

這篇文章已經寫到最後，我自己也感到萬分驚奇。我就像大部分的人一樣把身體視為理所當然。我的居所是一副最為複雜精細的機器，只要它能夠在早晨起床、夜晚入眠就好，至於它的內部運作，我可以說是興致缺缺。當我每天進行寫作、閱讀和思考等慣常事務的時候，位於喉嚨底部的小火爐同時讓一切事物保持於「金髮姑娘」的狀態，不太冷、也不太熱，一切恰到好處。

肝臟

Liver

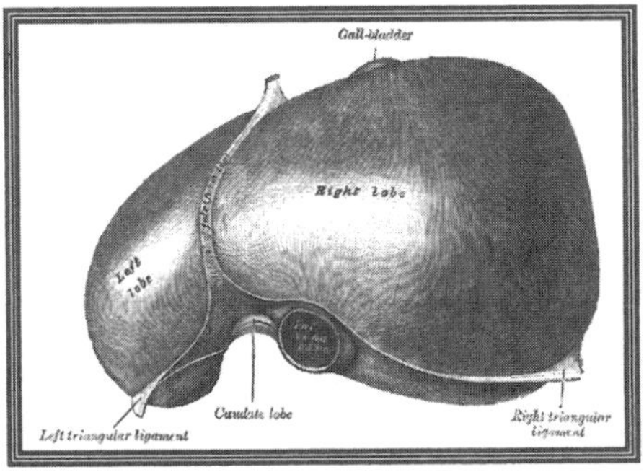

伊姆迪亞·德克
Imtiaz Dharker

小時候，我與朋友凱薩琳總是在彼此的家裡進進出出。凱薩琳的媽媽經常會喊她是自己的小甜心，我的媽媽則說我是她的一塊肝臟。

我從來不覺得媽媽的說法很奇怪。我很清楚她的意思，遊走在擁有不同規則的兩種語言之中對我來說是很自然的事。當現在有人要我選一個器官來寫文章的時候，我想起了母親宣稱是自己最深切情感所繫的肝臟。母親並不是唯一會這麼說的人。古羅馬、希臘和阿拉伯世界的醫師都相信肝臟是愛的真實所在地，並且擔負著人體運作最重要的角色，不只是運送，而且還負責製造新鮮血液，同時掌控著人的情緒、氣質和個性。

詩人和藝術家總是會很快地偷取醫學知識而為己所用。阿拉伯詩人會說「你是我的靈魂的靈魂、是我的肝臟的血液」，或「她的眼神是我肝臟裡的一根矛」。聖經的《耶利米哀歌》（Lamentations）的耶利米（Jeremiah）哀嚎著：「我的肝臟流至大地，為的是我的子民的女兒的毀滅。」而且到了今日，埃及舞孃會雙手握撫在肝臟之處來表達極端強烈的情感。因此，每當我離家在外，這也難怪電話那頭的母親會說著：「我的肝臟被撕裂了。」而我可以想像她就會站在那裡，用手撫按著自己右側的身體。

我想著肝臟沉重的左右兩葉和黃褐色的光柔表面，被肋骨安全地保護在腹部的右上方，肩負著清潔和淨化血液，以及將膽汁和毒素排出系統等其他器官無法進行的工作。對於身為詩人的我來說，肝臟有著一種獨特的創造再生力量，我很確定這就是聶魯達（Pablo Neruda）之所以挑出肝臟而且寫了〈肝臟頌〉（*Ode to the Liver*）來讚揚它的原因。摘錄如下：

總是進行著
你自己的無光的
過濾……
吸入並完成……

……
你提供了住所
給生命的酶
並且有著好幾公克的酒
的收集經驗
在這個歡唱的派對上
打掃乾淨之後，
你還是會留到最後
親切地道聲再見。

肝臟是我家日常對話的一部分。我的母親說的不只是自己的肝臟，而是連父親的肝臟也說。如果她有足夠的英文字彙的話，她或許會稱某個人是父親的換帖兄弟（bosom buddy），可是她會用烏爾都語（Urdu）的「住在肝臟的朋友」（*jigari dost*）來稱呼對方。母親也會用「把它放在肝臟裡」（*jigar me dum rakh*）來告訴我們要堅持立場、拿出本事和展現勇氣。對她來說，勇氣就跟愛一樣是來自於肝臟。

多年之後，我發現莎士比亞贊同母親的看法。馬克白說道：「去捏捏自己的臉頰，讓嚇破膽的你有點血色吧，你這個膽小鬼！」膽小鬼就是肝臟沒有血液的人；就像在《第十二夜》（*Twelfth Night*）中，托比爵士（Sir Toby）提到：「說到安德魯（Andrew），如果把他剖開來，你要是在他的肝臟裡找到可以沾濕跳蚤的腳的血，我就把他那副臭皮囊吃掉。」

色澤紅潤的健康肝臟是身強體健的徵兆，而身心虛弱則被認為是肝臟運作不良所引起的結果（並且你還會聽到人們一面掏出安德魯斯肝鹽〔Andrews Liver Salts〕，一面使用「肝不舒服」〔liverish〕這個說法，譯註：這種肝鹽是治療胃腸不適的藥粉）。如果你描述伊莉莎白時期的人看來是一張「肝臉」（liver-faced），意味著那個人很卑鄙；如果你說一個人有「肝病」（liver-sick），你的意思是對方有水腫，我們則會稱之為肝炎（hepatitis）或肝硬化（cirrhosis）；琴酒肝（gin liver）則是指酒精引起的肝硬化。

為了了解問題重重和起死回生的肝臟，我拜訪了倫敦的惠廷頓醫院（Whittington Hospital），並且跟隨院裡的腸胃病學家達瑞斯．薩達醫師（Dr Darius Sadigh）進行病房巡診。巡診之前，他與同僚討論了每個病人的狀況，參與討論的有出院協調員、精神科醫師、護士、醫療技師、實習醫師、學生和職能治療師。

他們巡視的第一個病人是亞當，他的C型肝炎已經出現肝硬化。亞當是需要使用胰島素的糖尿病患者，並有營養不良的情形，看起來四肢細瘦但胃部腫脹。醫師問道：「有沒有地方會痛？」亞當回答：「沒有。」整個過程，他都是釘著醫師的臉看著，看著醫師輕拍他的腹部，就好像肚子有扇門而門後有答案的模樣。

五十五歲的梅爾有肝硬化，看起來像是七十五歲似的。醫師問著：「妳覺得怎麼樣呢？」她說：「糟透了。」梅爾即將出院回家，醫師告訴她：「回家以後，妳不可以再喝酒了。如果再喝下去，妳會死的。只要不再碰酒，妳可以好好過下去的。」儘管梅爾點著頭，可是她的眼睛卻飄向了醫師的身旁。

珍是個看起來像隻小鳥般的瘦小女人。她與丈夫同住一個屋簷下，但是兩人已經有十年沒說過話了。他們在沉默中迴避彼此地生活著；只要丈夫一走出家門，她就會喝酒。

「妳知道自己的肝臟怎麼了嗎？」醫師問著。

「有麻煩了。」大概是習慣於沉默的生活，她的答案很簡短而且幾乎不用動詞。

「妳為什麼要喝酒？」

「心情不好。」

「妳的丈夫會虐待妳嗎？」

「不會。」

「肝硬化的人再喝酒的話就會活不成了。」醫師說著。

「不會再喝了。」

儘管預期會出現抗拒，醫師還是決定火力全開。「妳需要去康復中心戒酒。」

「好。」她說。

四十九歲的哈密達．比比有脂肪肝和C型肝炎。如果不治療的話，脂肪肝會出現如同酒精引起的肝病一樣的結果：出現傷疤和肝硬化。醫師決定轉介她進行早期肝臟移植。

在巡視每位病人的時候，我看到醫師並沒有如我預期地探查著病人的身體，關注的反而是言語。他傾聽著每個病人的答話以便尋得一些線索，彷彿是個詩人傾聽著說出口的、沒有說出口的與無法說出口的話語。

年紀已經六十四歲的譚．愛有著紅撲撲的臉頰，以及像個孩子的大眼睛。她罹患糖尿病，而且不符合肝臟移植的資格。她想去馬來西亞旅行，醫師則試著應付她的期待。她滿懷希望地主動說：「我現在不用人幫忙就可以自己走路了。」醫師的建議是她不要指望可以搭飛機。「我過幾個月會跟妳說明病情的預估發展狀況。」她點點頭，依然笑容滿面。一時片刻，我以為她不了解醫師的意思。接下來卻聽到她說：「好的，我寧願你跟我這樣開誠布公。」她笑著說道，而整個人看起來像個小女孩般地容光煥發。

***

有一天，我的一位朋友跟大家宣布：「我有一個很漂亮的肝臟。」我想知道她是怎麼知道這件事的。「我做了肝臟掃描。我聽到醫師跟學生說：這是一個很漂亮的肝臟，看看那光滑的形狀，而且顏色很棒。」

肝臟的奇蹟就是在於它有再生的能力，而且是唯一能夠如此的人體內臟器官。即使減少到只剩下百分之二十五的原始肝臟體積，肝臟也能夠以驚人的速度長回到完整的大小。

當醫師談起肝臟，他們通常會提起普羅米修斯（Prometheus）的希臘神話。同情人類的普羅米修斯偷盜天火供人類使用，被欺騙的宙斯（Zeus）知道之後大發雷霆，給普羅米修斯下了一個可怕且狡猾的懲罰。普羅米修斯被枷鎖銬懸於山崖上，而每天會有一隻老鷹飛撲直下撕開他的肚子來啄食他的肝臟。普羅米修斯的肝臟會在夜晚重新生長，但是隔天必然又會再次遭到吞食。這個懲罰就如此周而復始，永不停歇。宙斯顯然擁有肝臟能夠自我修復的內幕知識（儘管再生的時序表比較接近老鼠而不是人的實際狀況）；希臘人也認為肝臟是人類生命、智能和不朽靈魂的所在之處。

或許就是萌生了扮演上帝的念頭，有位伯明翰（Birmingham）的顧問外科醫師才會在複雜的移植手術中，使用氬氣束凝固槍在病人的肝臟簽上自己的名字首字母。另外一名外科醫師在多年後為這位醫師的一名病人開刀才揭發了整起事件，他也因此遭到定罪。結果證明他犯行不止一次；而他會被人發現僅是因為患病的肝臟表面色變成了淡黃色，這才突顯了他的簽名。或許他之所以這麼做的原因在於，不知何故，他以為自己可以烙名於不朽的器官，書寫於永恆之上。我想起了詩人魯米（Rumi）的詩句：「苦行僧夏姆斯（Shams Tabrizi），你這個瘋狂的心靈／於我的肝蝕刻下了你的名。」當我的母親死於肝癌的時候，院方跟我說她的肝臟有個破洞。我在腦海中可以看見那個破洞，糾結在她的肝臟的痛楚，彷彿正拼寫著我的名字。

不只是在古代的希臘和羅馬，連非洲也是如此，人們有著查看肝臟表面來預知徵兆的習俗。聖經中，先知以西結（Ezekiel）提到巴比倫國王在攻打耶路撒冷前曾經尋求指示：「他搖籤求問神像，察看犧牲的肝。」哲學家柏拉圖也相信，大腦的理性靈魂會把意象投射到肝臟的光滑表面上頭。

普羅米修斯的神話暗示了，在距今兩千多年前，希臘人肯定知道肝臟的再生能力，至於這個知識的來源，可能是觀察到動物的肝臟會自我修復的結果。然而，一直等到一九三一年，希金斯（Higgins）和安德森（Anderson）才能夠證實老鼠的肝臟經部分切除後的數小時可以再生。一九六三年，湯瑪斯・斯塔茲爾博士（Dr Thomas Starzl）進行了第一宗人體肝臟移植（接受移植的病人在手術過程中因為失血過多死亡，手術宣告失敗）；而到了一九六七年，他才得以讓一位小孩在接受移植手術後存活超過一年。羅伊・卡恩爵士（Sir Roy Calne）引進免疫抑制劑環孢素（immunosuppressant cyclosporin）來改善病人的手術結果；時至今日，為了拯救肝臟有傷疤或損壞到無法自我修復的病人，全世界每年執行的肝臟移植手術多達數千例。不過，由於捐贈的肝臟數量短缺，較貧窮國家活體捐贈的非法器官買賣，以及活體捐贈的合法移植也就隨之興起。

而在今日，由一位家長捐贈一小部分的肝臟給孩子已經是稀鬆平常的事了。我母親的話彷彿再次迴響；小孩子變成了父母的一塊肝臟。在活體移植手術中，醫師會從健康的活體捐贈者身上取出肝臟右葉，其占了肝臟百分之七十的體積，而留下的左葉會在六星期內再生增長成能夠完全運作的兩葉肝臟，而接受移植者百分之七十的肝臟也會自體再生。

最近有一則新聞報導了兩個都在移植名單上等候肝臟的女孩，一個十七歲，而另外一個是只有十一個月大的小女嬰。由於捐贈的是一整個完整的肝臟，這讓醫師能夠把百分之七十的肝臟移植給那位青少女，而留下百分之三十給那個小女嬰。儘管共分同一個肝臟，但是兩個人都很有可能各自生長出健康的肝臟。

足球選手喬治・貝斯特（George Best）有個著名的玩笑話：「我在喝酒、養鳥和跑車上花了不少錢，剩下的也只不過都給我揮霍光了。」儘管接受了肝臟移植（承蒙英國健保制度所賜），他卻沒有戒酒，三年後就翹辮子了。根據一些醫師的說法，就是這樣的新聞導致肝臟捐贈減少。現在，若想要取得肝臟移植的資格，申請人要能保證自己有把握在術後遠離酒精且不再酗酒。肝臟被視為是一份禮物，不容揮霍。

肝臟也是珍貴的食物，含有動物和人類所需的豐富營養。虎鯨之所以把鯊魚和海豹開腸破肚，為的就是攫取牠們的肝臟，內含大量有助於分泌類固醇和荷爾蒙的角鯊烯；努比亞人（Nubians）喜歡享受生駱駝肝大餐；法國人會強迫餵食鵝隻，一直到其脂肪肝膨脹到正常大小的好多倍，才能用來製作成鵝肝醬（誰能夠忘得了漢尼拔・萊克特博士〔Dr Hannibal Lecter〕搭配蠶豆和義大利奇揚地葡萄酒的肝臟大餐呢？譯註：這是美國著名犯罪小說家湯瑪斯・哈里斯〔Thomas Harris〕的《人魔》系列小說的主角，曾改編成如《沉默的羔羊》〔*The Silence of the Lambs*〕等著名電影和電視劇）。就在離我住家不遠的史密斯菲爾德肉品市場（Smithfield Meat Market），許多廚師為了購買多汁的小牛肝而討價還價。在印度孟買班迪市集（Bhendi Bazaar）的街上，剁碎的羊肝正在平底鍋裡以大火混炒辣椒和小茴香，一份要賣十盧比。世界各地的人都需要來自各種魚類和動物的肝臟，他們會將之切片與洋蔥煎炒、做成沙鍋或肉醬，包成餃子、肉派和餡餅，或是做成德國香腸或雜碎羊肚的餡料。

每周一次，在家庭醫師的命令下，為了多攝取維生素A和維生素D，我的母親會捏著我的鼻子把難喝的鱈魚肝油倒一口到我的喉嚨。當我不再有想吐的感覺，而且總算願意原諒她而給她一個擁抱的時候，她會嘆氣說著：「妳讓我的肝都冷了。」我很確定，不管她感覺到的是什麼，她的感受必定是來自那裡——就在那裡，就在她存在的中心，就在她的肝臟。

子宮／Womb

湯瑪斯・林區
Thomas Lynch

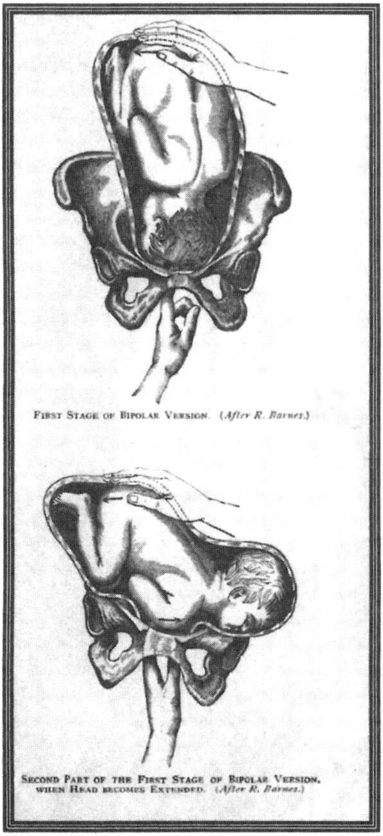

First Stage of Bipolar Version. (*After R. Barnes.*)

Second Part of the First Stage of Bipolar Version, when Head becomes Extended. (*After R. Barnes.*)

思索著子宮，彷若是凝視著星斗閃耀的穹蒼，讓我對真實或虛無充滿了遐想。一直以來就是如此。倘若太空是疆界的終點，子宮就是起點——以華萊士·史蒂文斯（Wallace Steven）的言語來說，就是事物的概念化為事物的本身的地方。子宮是承載人們期待的神龕、是啟航的溫床和安全港、是第一個家和棲息地、是喜悅退隱的花園。這是一個時間已經設定、租賃簡單、食物美好，而且不會有電話或稅務員打擾我們的地方。我們從那個空間誕生來到世上，在那裡，母親心跳的溫柔韻律成為了我們存在的第一節明確的詩歌。

還在喪葬學校念書的時候，在十六世紀偉大的醫生和解剖學家安德雷亞斯·維薩留斯（Andreas Vesalius）的《人體的結構》（*De Humani Corporis Fabrica*）一書中，當我第一次看到了第五卷的插圖六十和插圖六十一，我就不禁產生了本體和存在的敬畏而為之著迷。維薩留斯是一世紀的古希臘醫生和哲學家帕加馬的蓋侖（Galen of Pergamon）的信徒，同時熱衷於醫學研究的理性主義和經驗主義兩個流派；在這位比利時人的手作書籍中，從他在屍體和活體解剖中檢驗的女性身體部位，我們看到了男性的凝視。就他對一具無頭女性的檢視，其敞開的身腔和剝了皮的乳房，書中的插圖是如此精確，幾乎透出了一種柔軟觸感。

那時的我對女人的身體已有初步認識，我知道什麼應該要觸摸和揉搓，什麼應該要抓握和細品。然而，誠如維薩留斯的圖像的清楚展示，人體結構的赤裸暴露讓我甚感驚奇，宛如天啟般揭示了人體形態和功能的美。倘若那時的我沒有發現他的插圖是如此深啟人心，是如此相互呼應著我自己驚愕的目光凝視，我或許會懂得考量現在的自己在思量的觀念，那就是到了我這把年紀所擁有的經驗會認為，儘管在人類的「繁殖」劇碼中，每個性別都有自己應該扮演的特定角色，可是其中絕非是單方面的男性或是女性的問題；更確切地說，就範疇和本質來看，男性和女性終究是人，在意義與表現上彼此不可或缺，畢竟探戈總是要雙人才能起舞。事實證明，男性和女性是缺一不可。

縱然如此，我們無法不懷著感激和敬畏來注視女人的身體。同樣的，我為了一種領悟而喜悅（chuffed，這個英文字含有對一個事物正反兩面的整體感受），那就是這樣的邂逅始終如一地向我們確認，每個人其實都一樣，但是又都不同。解剖學家所描繪的人類私處，顯示了陽具跟內外翻轉的陰道沒有什麼兩樣，因此陰道的外膜層、平滑肌與黏膜，實際上對應的是陽具的雄性衝動，簡直是合身訂做的天生一對，就像是劍之於鞘、手之於手套、傳道者之於講道壇，或是屍體之於墓坑。

唯恐有人會認為劍會使得鞘黯然失色，且讓我們思考一下講求均等的偉大科學吧。我們在子宮裡一開始皆是雌性，或者敏感的人會說是中性，不過就是因為Y染色體和其伴隨的激素的偶然機遇，經過六星期的混合而讓一部分的我們成為雄性。可是即使如此，睪丸無疑是下落的卵巢，陰囊縫就是聚合原先陰唇所留下的唇狀疤痕；陰莖是脹大的陰蒂，無法泌乳的奶頭成了裝飾，提醒著男性自己有的不過是幾乎沒有作用的乳房。因此，不論插入、射精、排卵、子宮收縮、受精或受孕是否促成了「繁殖」的協議，男性和女性對這個必須的奧祕都是不可或缺的。男性和女性是缺一不可；我們都是在男女的熱切交合之下才來到這個世界。科學提供了取代種馬和公畜的替代物；多年以前，提到自己豢養的一小群菲仕蘭乳牛的時候，住在愛爾蘭克萊爾郡西部的表妹曾經告訴過我：「他們現在都是用手提箱來運送公牛的精子。」這件事對我挺立的男性氣概不禁起了使之枯萎但可能有益的作用。男性很容易就沒了自己的工作，可是雌性哺乳動物依然肩負著生育的重責大任。女性似乎是最兇猛的第一性，而絕非是較弱勢的第二性，就如同詩歌之於語言，若是缺少了女性，一切事物就都不會發生。

還是個男孩的時候，我會去收取胎死腹中的寶寶。嗯，確切來說，我那時不算是男孩了，但也還不是個男人。那時的我在父親的葬儀事業當學徒，那意味著我需要去醫院收取那些無生命的幼小屍體，用類似裝鞋或是保存工具的小黑箱裝好帶走。我會把他們（各個未完成或未發育的孵育階段的小生命）送到殯儀館。有些時候，他們如此完美成形的迷你身軀就像是縮小的人性圖像，他們的腳趾頭和手指頭、鼻子和眼睛，以及稚嫩的自我卻都太過細小、太過平靜，否則就塑造得完美無瑕了。在蓋侖和維薩留斯的眼中，同樣是對華萊士．史蒂文斯而言，事物的本身是超越事物的概念的。因此，這些死胎或夭折的小胎兒總是顯得驚恐中帶著莊嚴、承載著哀傷，並且充滿著希望幻滅和人生必死的蒼涼。身體是人的有形之物，並且對我們的理解至關重要。理性主義和經驗主義的流派總是有些不和。倘若搖籃與棺木叩問了從何處來、又往何處去的問題，那麼子宮就是我們存在的泉源、源頭和故鄉。

日子一久，我學會了體貼這些失去胎兒、幼兒，和青少年的家人——在那些比自己製造出來的孩子活得更久的父母的心中，父親還記得那一晚與母親的親吻與擁抱所帶來的狂喜，母親則想起了兩人面對重力作用的直覺反應、兩人的交合、一種莊嚴之感，以及受孕的嚴峻後果——肚裡的一股不舒適感、乳房的柔軟，以及對於已被改變或正在變化的未來所帶來的瞬間潮熱。

「女人真的擁有自己的子宮時間，」尚處生育年齡中期的我的年輕助理說道，「才不過一百年左右。」她還補充說著，即便是現在，對於女性身體的隱祕部位，包含子宮頸、卵巢、輸卵管、外膜層、陰蒂、大小陰唇、陰阜等子宮與鄰近附屬部位所發生的一切，那在一定程度上都是企圖讓人們齊聲讚歎自然的偉大，使得人類得以更生、重複、再製與重生，可是如同父親和丈夫、主教和政客，以及當然還包括權貴和市商等男性的代理機制，卻都掌控了太多的發言權。

當維薩留斯在帕多瓦（Padua）解剖人體的時候，特芬但特．法拉利（Defendente Ferrari）在杜林（Turin）作畫，在他的〈受蛇引誘的夏娃〉（Eve Tempted by the Serpent）雙聯板畫中，一位皮膚白皙的青少女，全身赤裸，只有些許樹苗的細長花絲葉遮掩住了她的陰阜，樹苗是屬於她摘取蘋果的樹，那棵分辨善惡的知識樹。一條蛇長著一張蓄鬍的淫蕩老人的臉，目光猥褻地溜上了一旁的大樹，在少女的耳旁噓聲挑逗。這是身處「天堂」的最後時刻；女孩依然保有少女的純真，對可能的後果渾然不覺。她的生殖器、小小的乳房，以及為人伴侶的部分都尚未蒙羞。時間最終會把一切都歸咎於她：「人類的墮落」、分娩的痛苦、她那抑制不住的美麗挑撥，以及死亡本身。不過，就在這最後時刻，上帝依舊滿意自己所創造的世界；祂環顧四周，眼見一切美好。這全都記載於聖經《創世紀》的第三章。這件雙聯板畫的另一邊畫的是亞當，只是那個部分已經遺失了好幾世紀，畫作內容可能是人類墮落前的亞當站姿，所以我們看不到他有多麼高興，對於夏娃的支援和陪伴的一片忠貞，他是多麼的心甘情願、準備就緒且心懷感激。

一八八二年一個細雨霏霏的冬季早晨，在美國華盛頓特區的國會公墓裡，一行身穿黑衣的送行人圍在一座小墳墓要埋葬小哈利．米勒

（Harry Miller），還在蹣跚學步的小哈利死於那個冬天的白喉傳染。隨著小棺木停放在架在墓坑上方的繩索和木板之上，他母親的哭啼就越發大聲響亮。葬儀人員向站在墳頭的男人點頭示意可以開始了，只見那個男人搖了搖頭。母親如動物般的啜泣聲沒有停過，她彎著身子，彷若是被人捅了一刀，瘦小的手臂環抱著沒有束腹胸衣的身軀，憑藉著體內最讓她感到喪親的錐心刺骨之痛之處所生出的一股意志力才不致崩潰。人們在寒冷中拖著腳行走，而她的哀傷讓人難受。

主祭問道：「米勒太太想要開始了嗎？」死去男孩的父親點頭同意；男孩的母親於是安靜下來了，儘管依舊為著身體內在的痛苦而繼續扭動。

那一天的主祭是羅伯特·格林·英格索爾（Robert Green Ingersoll），他不是基督新教牧師或教區牧師，也不是教士或神父。他反而是所屬年代最惡名昭彰的宗教懷疑論者，是當時的克里斯多福·希鈞斯（Christopher Hitchens）、理查·道金斯（Richard Dawkins）或是比爾·馬厄（Bill Maher）。儘管顯然與教會一點關係也沒有，可是英格索爾是一位公理會牧師的么兒，這位牧師過去鼓吹廢奴主義的觀點，以至於被美國東部和中西部一帶的教會免職。在父親的政治傾向的波及之下，羅伯特的年少時光經常是一個教會又換過一個教會。由於父親受到公理會教友的苛待，羅伯特首先抨擊了喀爾文教派（Calvinism），之後又攻擊基督宗教，等到了他走到那座位於華盛頓特區的墳墓前頭的那個下雨的早晨，他已經是美國最出名的異教徒；這位雄辯家和演講者在全美各地捍衛人道主義、「思想自由與言論誠實」，並且惹惱了篤信宗教的人士和教會的高層。

「對主教傳教啊，」一位與我略有交情的神父曾向我說道，「就像是對臭鼬放屁。」現在的我很想知道他那時是不是引用羅伯特·格林·英格索爾的話。英格索爾教授過法律，也曾針對莎士比亞、美國重建時期和宗教推銷主義發表演說。他深受華特·惠特曼（Walt Whitman）的推崇，並在這位偉大詩人的喪禮上誦讀哀悼文。他似乎是個能夠從容應付任何困境的人。

英格索爾走到了小哈利的墓地前頭開始演說。

我知道要用文字來粉飾哀傷是一件枉然的事，然而我還是盼望帶走每一座墳的恐懼。奇妙的生命之樹吐芽開花才能落下了成熟的果實，而父兄和寶寶並肩長眠於同一張大地之床。

每一個搖籃都在向我們提問：「人從何處來？」而每一具棺木則問著：「又往何處去？」

心碎欲絕圍著這座小墳站著的人們都無需恐懼。天地萬物更廣大和更崇高的當下與未來的信念都是這麼說，告訴我們即便是在最壞的情況下的死亡也是最完美的安息。

我們無需恐懼。我們都是同一位母親的孩子，同樣的命運等待著我們每一個人。我們也有自己的宗教信仰，即是

——幫助生者，祝福死者。（註一）

確實如此，每一個搖籃都向我們提問人從何處來的問題，而每一具棺木則問著要往何處去。不論是墓坑或火焰、是水塘、大海或是天空，這些我們交付亡者的深淵都是我們培養某種信仰主張的神聖經典的地方，期盼其就像時呈梨狀但不超過釐米大小的子宮空間，偉大自然會於此注入激素使其受孕，成為我們生命之旅的最初驛站。

逝去男孩母親的身體之所以彎折是因為哀傷之故，而感受至深的是最為深藏的部位，那是子宮肥沃且開放的溫床，受到推擠和疼痛而為之掏空，已經被孩子的死亡徹底摧毀；想必夏娃在自己的一個親兒殺了其他兄弟的時候，一定也有相同的淒涼感受。而當安德雷亞斯·維薩留斯研究那位帕多瓦女孩血腥內臟的當下，他所目睹的奇蹟，就是女孩首次為他揭開了人類生命誕生的神祕面紗。查看英文的詞庫，我們就能夠從得到的語音和字意了解到，「grave」（墳墓）和

「gravid」（妊娠）就列在同一頁且字源相同，而「gravitas」（莊嚴）和「gravity」（重力），以及「grace」（恩典）和「gratitude」（感激）也是如此。至於人類詩歌中最明確的就是字源相同的「womb」（子宮）和「tomb」（墳墓）。

1. 'At a Child's Grave,' *The Works of Robert G. Ingersoll*, Clinton P. Farrell, Editor, p.399

圖片來源

十五頁　腸子，Mondino Dei Luzzi's Anatomia Mundini，一五四一
二十九頁　一個剝了皮的人拿著自己的皮膚，一七二四
四十一頁　鼻子的套子，Gasparis Tagliacozzi's De Curtorum Chirurgia，一五九七
五十五頁　布滿血管的盲腸與闌尾，Anatomy of the Human Body, Henry Gray，一九一八
六十七頁　眼睛的圖畫，Cipriani's Rudiments of drawing，一七八六～九三
八十一頁　連著動脈與血管的心臟，十九世紀
九十一頁　膽囊，一六八六
一〇五頁　消化系統：涉及十二個人體部分，包括牙齒、腸子和結腸。版畫，Kirkwood & Son，一七九〇／一八一〇
一一七頁　腎臟剖面圖，An illustrated dictionary of medicine, biology and allied sciences, George M. Gould，一九〇〇
一三一頁　人腦，T. Willis, Cerebri Anatome，一六六四

一四五頁　肺，圖示 970, Anatomy of the Human Body, Henry Gray，一九一八

一五七頁　耳朵——來源不詳

一七一頁　主要展示甲狀腺的喉頭前視圖，A text-book of human physiology，一九〇四

一八五頁　肝的上部，Anatomy of the Human Body, Henry Gray，一九一八

二〇一頁　An illustrated dictionary of medicine, biology and allied sciences, George M. Gould，一九〇〇

作者簡介

奈歐蜜・埃德曼（Naomi Alderman）是英國作者、小說家和遊戲設計師，她的著作《權力》（*The Power*）於二〇一七年榮獲貝禮詩女性小說獎（Baileys Women's Prize for Fiction）。

奈德・包曼（Ned Beauman）是英國小說家和遊戲設計師，著作《隱形傳輸意外》（*The Teleportation Accident*, 2012）入圍英國曼布克獎（Man Booker Prize）的初選名單，另著有《瘋狂勝於失敗》（*Madness is Better Than Defeat*, 2017）。

卡優・欽戈尼（Kayo Chingonyi）是位詩人，著有《些許明亮的優雅》（*Some Bright Elegance*, 2012）和《詹姆斯．布朗呼喊的顏色》（*The Colour of James Brown's Scream*, 2016）小詩冊，而其首部長篇詩作《啟程》（*Kumukanda*）已於二〇一七年出版。

阿比．柯提斯（Abi Curtis）是小說家和詩人，同時也是英國約克聖約翰大學（York St John University）的創意寫作教授，她的首部小說為《水．玻璃》（*Water & Glass*, 2017），而詩集《玻璃幻覺》（*The Glass Delusion*, 2012）則摘下了英國毛姆文學獎（Somerset Maugham Award）。

伊姆迪亞．德克（Imtiaz Dharker）為詩人、藝術家和紀錄片製片人。她於二〇一四年榮獲英國女王詩歌金獎（Queen's Gold Medal for Poetry），著有《欣喜若狂》（*Over the Moon*）與最新作品《幸運是誘因》（*Luck is the Hook*）等六部詩集。

威廉・范恩斯（William Fiennes）著有小說《音樂室》（*The Music Room*, 2009）與《雪乳酪》（*The Snow Cheese*, 2002），後者榮獲毛姆文學獎。他在十九歲的時候被診斷出患有克隆氏症。

安妮・佛洛伊德（Annie Freud）是位詩人，詩集贏得了格倫・丁普萊斯新人獎（Glen Dimplex New Writers' Award）（詩組），也入圍過艾略特獎（T.S. Eliot Prize）決選名單。二〇一四年，詩歌圖書協會（Poetry Book Society）宣布她入選「下一代詩人」（Next Generation Poets）。

A・L・**肯尼迪**（A. L. Kennedy）是蘇格蘭作家，作品涵蓋小說、短篇小說及非小說，她亦是學術人與單人喜劇演員，曾以小說《終戰日》（*Day*, 2007）奪下了科斯塔年度圖書獎（Costa Book of the

Year），而其《真的好甜蜜》（*Serious Sweet*, 2016）則入圍了英國曼布克獎的初選名單。

菲力普・克爾（Philip Kerr）生前為作家，著書四十冊，其中包括以納粹柏林為故事背景的博尼・岡瑟（Bernie Gunther）系列的暢銷驚悚小說，以及《神燈之子》（*Children of the Lamp*）系列的青少年小說。

湯瑪斯・林區（Thomas Lynch）是詩人、隨筆作家和殯葬師，其著作《死亡大事》（*The Undertaking*, 1997）贏得美國國家圖書獎（American Book Award）。他自一九七四年起就在美國密西根州米特福德（Midford）從事葬儀承辦工作。

派屈克・麥吉尼斯（Patrick McGuinness）是英國學者、評論家、小說家和詩人。他的首部小說《最後一百天》（*The Last Hundred Days*, 2011）入圍了英國曼布克獎和科斯塔首部小說獎（Costa First Novel Award）初選名單，而他的最新著作《我成了犧牲品》（*Throw Me to the Wolves*）即將於二〇一九年問世。現為英國牛津大學法國比較文學教授。

達爾吉特．納格拉（Daljit Nagra）曾是英國廣播公司第四電台（BBC Radio 4）首位駐台詩人，於二〇〇七年，他的選集《多佛，我們來了！》（*Look We have coming to Dover !*）榮獲英國進步詩歌獎（Forward Poetry Prize）。

戚本杜．奧努佐（Chibundu Onuzo）為奈及利亞小說家，著有《蜘蛛王的女兒》（*The Spider's Daughter*, 2012）和《歡迎來到拉格斯》（*Welcome to Lagos*, 2017）等書。《蜘蛛王的女兒》入選狄倫．湯

馬斯詩獎（Dylan Thomas Prize）與大英國協圖書獎（Commonwealth Book Prize）的決選名單。

克里斯汀娜・帕特森（Christina Patterson）是作家、廣播員和專欄作家，她替英國《衛報》（*The Guardian*）和《泰晤士報週日版》（*Sunday Times*）撰寫關於社會、文化、政治、圖書和藝術方面的文章，著有《不崩潰的藝術》（*The Art of Not Falling Apart*, 2018）一書。

馬克・瑞文希爾（Mark Ravenhill）是英國劇作家、歌詞作者、演員和新聞記者，著有《媾物慾》（*Shopping and Fucking*, 1996）與《克萊普媽媽的娘炮房》（*Mother Clap's Molly House*, 2001）等劇作。

皮囊之下：15 則與身體對話之旅
BENEATH THE SKIN：Great writers on the body

國家圖書館出版品預行編目 (CIP) 資料

皮囊之下 : 15 則與身體對話之旅 / 衛爾康收藏館 (Wellcome Collection) 作 ;
周佳欣譯 . -- 初版 . -- 臺北市 : 健行文化出版 : 九歌發行 , 2019.05
面 ; 公分 . -- (Y 角度 ; 19)
譯自 : Beneath the skin : great writers on the body
ISBN 978-986-97026-8-3(平裝)

1. 人體學 2. 通俗作品

397 108004507

作者── 衛爾康收藏館（Wellcome Collection）
譯者── 周佳欣
責任編輯── 曾敏英
創辦人── 蔡文甫
發行人── 蔡澤蘋
出版── 健行文化出版事業有限公司
台北市 105 八德路 3 段 12 巷 57 弄 40 號
電話／ 02-25776564・傳真／ 02-25789205
郵政劃撥／ 0112295-1

九歌文學網 www.chiuko.com.tw

印刷── 晨捷印製股份有限公司
法律顧問── 龍躍天律師 ・ 蕭雄淋律師 ・ 董安丹律師
初版── 2019 年 5 月
定價── 320 元
書號── 0201019
ISBN── 978-986-97026-8-3